污染场地绿色可持续修复方法与应用

侯德义 著

科学出版社

北京

内 容 简 介

本书全面介绍了污染场地绿色可持续修复的定义与核心要素、历史与发展趋势。结合实际案例系统介绍了污染场地修复的可持续性评价方法。对包括原位生物修复技术、可渗透反应墙技术、热脱附技术、固化稳定化技术等在内的多种土壤与地下水修复技术的可持续性进行了分析。并以英国、美国等为例介绍了绿色可持续修复的实际应用案例。

本书可供污染场地修复领域的科研工作者和相关从业者参考、使用。

图书在版编目（CIP）数据

污染场地绿色可持续修复方法与应用/侯德义著. —北京：科学出版社，2018.1

ISBN 978-7-03-056490-0

Ⅰ. ①污… Ⅱ. ①侯… Ⅲ. ①场地–环境污染–修复 Ⅳ. ①X5

中国版本图书馆 CIP 数据核字(2018)第 022779 号

责任编辑：王海光　王　好 / 责任校对：王晓茜
责任印制：吴兆东 / 封面设计：刘新新

科学出版社 出版
北京东黄城根北街 16 号
邮政编码：100717
http://www.sciencep.com
北京厚诚则铭印刷科技有限公司印刷
科学出版社发行　各地新华书店经销
*
2018 年 1 月第 一 版　开本：B5 (720×1000)
2025 年 1 月第四次印刷　印张：9 3/4
字数：193 000

定价：98.00 元

（如有印装质量问题，我社负责调换）

前　言

污染场地修复发起于20世纪70年代末期，在过去的40年间，西方国家在改进污染土壤修复技术和法规方面取得了很多的进展。最近10年，国际修复界最重大的进展之一是绿色和可持续修复的兴起。我国在修复领域起步较晚，在绿色及可持续修复方法的推广和应用方面比较落后。根据我们的调研，国内的修复专家大多数听说过绿色可持续修复，对具体的概念有一定的了解，但是对其内涵和具体的实施方法了解很少。

绿色可持续修复的推动在很大程度上源于修复过程中产生的残留污染物和二次污染物。在某些情况下，残留污染和二次污染带来的负面效应可能远超过修复本身带来的正面效应。一个典型的案例发生在英国城市Corby（科比市）。20世纪80～90年代，科比市的市政部门在一些搬迁工厂的旧址上进行地产开发，在开发的过程中同时进行了污染土壤的治理。但是，到21世纪初，人们才发现科比市在治理污染土壤的过程中造成了巨大的二次污染，导致科比市居民出现了很多健康问题，如同期出生的大量新生畸形儿等。英国的剑桥大学、雷丁大学及丹麦科技大学等研究机构的学者，对污染土壤修复过程中的残留污染和二次污染进行了全生命周期建模，证明了在土壤修复过程中对残留污染和二次污染定量化考量的重要性。某些污染修复工程所造成的负面环境影响甚至会超出修复本身所带来的正面环境效益。近几年内，绿色与可持续修复在世界范围内获得了推广。美国环保局发布了关于绿色修复的指导文件，大力推动绿色和可持续修复。除此之外，加拿大、澳大利亚、荷兰、意大利等国家都在大力推动绿色可持续修复在科学研究及实际应用上的进展。为了推动我国污染场地修复事业的健康发展，有必要对绿色可持续修复的方法和应用进行详细的阐述。

本书主要包括6部分内容。第一部分对绿色可持续修复进行概述，包括绿色可持续修复的定义、核心要素，以及对符合中国国情的绿色可持续修复的论述。第二部分讨论绿色可持续修复的历史及发展，包括欧洲的可持续修复、美国的绿色修复，以及绿色可持续修复的全球化趋势。第三部分描述了一种基于经济输入-输出的可持续评价方法，包括该方法在具体案例上的实施。第四部分介绍了广义的全生命周期评价方法，以及该方法对4种地下水修复方法：泵提技术、原位生物修复、可渗透反应墙及原位化学还原的分析。第五部描述了污染土壤修复过程中的基于全生命周期评价的可持续性评价，对含汞土壤的热脱附方法和固化稳定化方法进行了分析。第六部分介绍了英国、德国、美国等的多个绿色可持续修复的实际应用案例。

本书由清华大学环境学院的侯德义撰写。作者长期从事关于污染土壤、地下水及底泥的场地调查、修复方案设计、修复技术开发、修复工程实施，以及修复效果的长期监测与评估工作，在绿色可持续修复方面进行了大量的科学研究和工程实际应用。本书的研究内容得到水体污染控制与治理科技重大专项（2018Z07109-003）国家自然科学基金（41671316）、中组部“千人计划”青年专项、教育部战略研究课题、环境保护部环境规划院技术支撑能力项目、清华大学人才引进支撑项目等资助，在此表示衷心的感谢！

由于作者的学识和水平有限，书中不足之处在所难免，敬请批评指正。

侯德义

2018 年 1 月

目 录

第一章　绿色可持续修复概论

土地不仅是宝贵的自然资源，还对人类的生存和发展起着重要作用。随着社会经济的发展，大量的工业用地和农业用地被各种有毒有害的化学物质所污染。释放到环境中的有毒物质，如重金属和农药等能通过皮肤接触、饮食摄入、呼吸作用被人体吸收，产生严重的健康问题。同时，这些有毒物质也会对生态系统造成影响。修复这些被污染的场地则需要漫长的周期。目前，场地污染已经成为了一个重要的环境问题。据估算，美国现有约 294 000 个污染场地（USEPA，2004），而英国存在 300 000 hm^2 以上的潜在污染场地（DEFRA，2006）。场地污染现象在工业化国家更为普遍存在。在中国，接近 90%的浅层地下水受到污染，甚至有 37%的浅层地下水因受到严重的污染而不能饮用。国内上百个“癌症村”的出现都与地下水污染有关。因此，对这些污染场地进行修复迫在眉睫。

污染场地修复可减少人体健康风险和环境生态破坏，它已经从单一领域发展成为一个巨大的产业。污染场地修复需要大量的投入。美国 Superfund Clean-up 项目每年需要消耗美国联邦政府大约 12 亿美元的预算。西方发达国家的修复市场规模已高达数百亿美元，而我国的修复行业虽然才刚刚起步，但其市场规模正在呈指数型增长。传统的修复行业只是关注某一场地中污染物本身带来的危害，而如今修复产业已经超越了这一点，并转向兼顾经济、社会和环境影响的可持续修复（sustainable remediation）。可持续修复有多方面的考量因素，如基于风险管控的污染场地管理、可再生能源的使用、碳循环、水循环、公众参与等。现存文献中有关“可持续修复”的诸多定义大都有相同之处：可持续修复除了管控风险外，还需要考虑修复整体效益和影响。例如，由英国可持续修复论坛（UK Sustainable Remediation Forum，SuRF-UK，2007 年成立）和英国污染场地实地应用组织（Contaminated Land：Applications in Real Environments，CLAIRE，1999 年成立）构建的可持续修复框架表明，最好的修复方式不但可以通过安全可靠的方法消除或者降低不可接受的健康风险，而且能最大化地整合环境、社会、经济等各方面的效益。

尽管可持续修复在环境修复领域受到越来越多的关注，但实现广泛接纳并付诸具体实践还存在不少的阻力。有关管理部门担心，可持续修复可能沦为环保企业用来削减成本的理由，从而实现客户（如责任主体）利益的最大化。除此之外，最适宜的可持续修复方案可能随着社会因素、地理条件、场地业主和所在地的经济状况而有所不同。目前，学者们对于如何开展可持续修复还缺乏共识，尤其是在社会和经济方面。实际上，可持续修复并非一个为了削减修复成本而提出来的新兴概念，而是一个基于场地修复生命周期内的二次影响、利益相关方诉求等所提出的新的要求。根据修复行业从业者的问卷调查结果，并结合相关文献中的理论和经验总结可以看出，可持续性是环境修复领域一个新的迫切需求。本章将从可持续修复观念的起源、欧洲国家和美国开展的绿色可持续修复运动、可持续性实践开展的驱动力等方面进行介绍，进而引出符合中国国情的绿色可持续修复概念及其核心要素。

第一节 可持续修复观念的起源

一、欧洲可持续场地管理运动

21 世纪初期，欧洲政策制定者和工业协会开始在污染场地管理中提倡一种基于风险的管理方法。参照 CLARINET（Contaminated Land Rehabilitation Network for Environmental Technologies，由欧洲国家中负责场地污染修复政策建议的政府和环境机构所组建的网络机构）制定的基于污染场地风险管理框架，可持续性是污染场地修复的一个关键要素，其中包括修复对环境、社会、经济影响的评估和优化。在欧洲，除了风险管控，可持续修复观念通常考虑到场地再开发的可持续性。在修复过程中，避免采取不必要和不可持续的修复方式，并且要求因地制宜地开展修复活动。

政府和相关从业者采取的可持续修复的举措已经对修复行业产生了显著的影响。欧洲的可持续土地管理运动鼓励科技创新：荷兰首次将地下水的能量（如热能）用于地下水修复；英国采用新型电力系统，实现了污染物（煤焦油）的同步回收和再利用，通过这种电力系统可以使项目成本降低 20%～30%，并大量减少了温室气体的排放（McLaren et al.，2009）；此外，有学者建议利用棕地生产生物质作为生物燃料的原料（SNOWMAN，2009）；有研究表明，土壤的石灰改良和堆肥的应用等可能已减轻了重金属从土壤到植物的迁移效率，加大了对该类型污染场地可持续管理的潜在可能性（Madejón et al.，2011）。许多新举措的实施也可以促进可持续整治。例如，一个“棕地再利用的全面管理（holistic management of brownfield regeneration）”项目考虑了场地全生命周期内的利用情况，加强了对场地过渡阶段的利用与管理，推进了污染土地和地下水的可持续性原位修复（advancing sustainable *in situ* remediation for contaminated land and groundwater）项目，正致力于推动原位修复技术的应用。另外，欧洲有多种金融手段和管理措施鼓励对棕地的再开发。例如，新建住宅项目需要优先考虑建在棕地这一政策的引导下，截至2008年，英格兰已经有79%的新建居民楼建在了再开发的土地上。在英国最新修订的污染场地法律指导文件中，一个重要的政策是在场地修复实施过程中兼顾可持续发展的原则。

总体来看，欧洲的可持续修复拥有较多发展的成分，它与下面讨论的美国绿色修复（green remediation）运动有所区别。

二、美国绿色修复运动

在美国，可持续修复和绿色修复观念近10年刚刚被接受。美国联邦政府的可持续修复提案被两个总统行政命令所驱动，分别是2007年1月签署的“(EO) 13423”和2009年10月签署的“13514”，这两个总统行政命令促进了联邦对污染场地修复的可持续性管理。2008年，美国环保局（United States Environmental Protection Agency，USEPA）发布了一份关于污染场地绿色修复的技术手册，将可持续修复举措付诸实践。在此之后，在如可持续修复论坛（Sustainable Remediation Forum，SuRF，2006年成立）等修复行业协会的支持下，其他有关政府机构也相继出台了有关可持续修复的政策和文件，有效地促进了可持续修复举措在修复项目中的应用。

与欧洲较为不同，美国的绿色修复运动注重的是减少修复行为自身带来的环境影响（ITRC，2011b）。换言之，美国环保局定义的绿色修复只涉及修复带来的环境效益和影响，并没有包括社会和经济两方面（USEPA，2008），主要原因是对社会、经济方面的干涉超出了美国环保局的职能范围（ITRC，2011b）。美国环保局定义了绿色修复的核心要素，包括6个方面：减少能耗、减少废气排放、减少用水量及对水环境的影响、减少对土地和生态系统的影响、减少材料的使用和废弃物的产生减少与长期的管理行为。此外，绿色修复的应用在其他方面也有体现。例如，高效能设备和可再生能源的使用，包括太阳能、填埋场沼气、风能、地热能等能源利用与转化系统；采用低能耗的生物修复系统，如强化原位生物修复、植物修复及湿地修复；在施工过程中采取可持续性管理措施，如回收构筑物拆解过程产生的废弃物、雨水的蓄集利用及低维护的景观设计。

第二节 可持续修复运动的推动力

一、修复过程二次影响

在欧洲国家和美国，修复行业从20世纪70年代的全面修复，转向90年代开始基于风险的修复，近10年来又转向了可持续修复。可持续修复运动的普及是多方面因素驱动的结果。污染修复本身所带来的负面环境影响，包括材料和能源的消耗、废物的产生、制造修复材料和装备过程中的污染物排放，以及污染修复过程中的二次污染（secondary impact），这就是我们所说的修复过程二次影响。人们对修复过程中产生的二次影响越来越重视是可持续修复运动得以成功开展的一个重要因素。例如，修复本身可能导致大量温室气体（greenhouse gas，GHG）的排放，尤其是传统的修复工艺，包括挖掘异地填埋（dig & haul，D & H）、地下水抽提处理（pump & treat，P & T）等。以美国新泽西州的一个修复项目为例，挖掘异地填埋的处理方式会释放约 2700 000 t 的二氧化碳，相当于新泽西州全年二氧化碳排放总量的 2%（Garon，2008），同时还会产生大量的废弃物。有关研究表明，从土壤中去除 1 kg 的污染物会导致 0.015～5 t 二氧化碳的释放；同样从地下水中去除 1 kg 的污染物会导致 1.3～130 t 二氧化碳的释放（Hou and Al-Tabbaa，2014）。2010 年，美国主要的工业企业向土壤中倾倒了约 1 000 000 t 的有毒化学品，修复这些污染场地存在巨大的碳排放压力。因此，选择一种合理、低二次影响的修复方式是一个亟待解决的问题。与此同时，D & H 这种方式也会产生大量的固体废弃物，并且造成大量珍贵水资源的浪费。修复自身的二次影响现象可以通过生命周期评价（life cycle assessment，LCA）来确定，可以对修复的温室气体排放、土壤酸化、水体富营养化、臭氧消耗、生态毒性效应等方面影响进行量化分析。本书后续章节将会涉及更多关于生命周期可持续性评价的讨论。

二、利益相关方的诉求

对污染场地的管理涉及众多利益相关方，他们都有各自的诉求，其中不乏对污染场地修复可持续性的要求。一项针对全球范围内修复从业者关于修复可持续性的问卷调查显示，利益相关各方对可持续修复实践有着不同程度的影响。

该项问卷调查是基于可持续修复有关文献调研和前期小规模试点问卷反馈结果展开的。问卷通过电子邮件和网页访问两种形式，收到了来自 16 个国家的 223 份有效反馈，其中大部分来自美国、英国和中国。约 9.5%的邮件受访者提供了有效反馈；而通过网页访问参与问卷调查的 357 人中，有 62%给予了有效反馈。在这个面向全球范围修复从业者的关于可持续修复实践的调查中，一个问题被问及："在你参与的项目中，利益相关各方对修复的'可持续性'有多大程度的影响？"根据影响程度由小到大，反馈结果分为 1 分（无影响）至 5 分（非常大的影响）。问卷的结果被统计归纳在图 1-1 中。

可以看出，场地业主、首席咨询师、机构管理层和政府监管部门对可持续修复实践影响最大，这些群体无疑对可持续修复运动的开展起到了驱动作用。

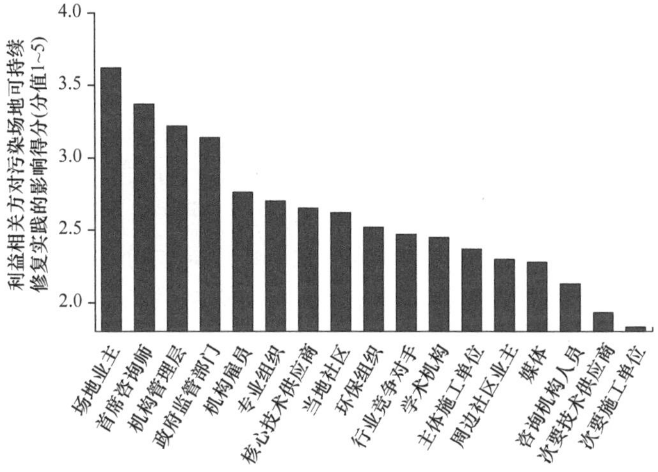

图 1-1　利益相关各方对修复可持续性的影响

三、来自监管部门的压力

有关监管部门是场地修复项目中最重要的利益相关方之一，政府对可持续的诉求自上而下传递至各级监管部门，进而驱动可持续修复实践的推广。在美国，总统行政命令驱动污染场地的可持续修复；而在英国，有关环保政策和法规驱动可持续修复的实施。监管部门不仅会向污染场地管理方和修复实施方传播可持续修复的观念，还会提供相应的技术指导以减少可持续修复实施的阻碍，如美国环保局发布的绿色修复技术指南系列文件等（DTSC，2009；USEPA，2008，2009，2010）。尽管大量可持续修复的实施是由监管部门推动的，但有从业者认为现有的一些修复法规在一定程度上阻碍了可持续修复实践（Maurer，2009）。同时，美国的有关监管部门担忧，出于可持续修复的考虑而释放部分权力将会与《综合环境反应、赔偿和责任法》（Comprehensive Environmental Response，Compensation and Liability Act，CERCLA）的法定条款有所冲突。

另外，现有污染场地无疑将成为政府巨大的财政负担。据美国环保局估算，以现有速度完成现有污染场地的修复工作将耗费 100～200 年的时间（USEPA，2004）。与此同时，由于每年大量化学品的处置和工业活动都不可避免地产生新的污染场地，因此其数量将会持续增加。对政府来说，进行环境修复是势在必行的。美国环保局把场地修复作为 5 个重要的战略目标之一，纳入了长期规划；1999 年英国环境、交通、区域署（Department of the Environment，Transport and Regions，DETR）发布了一份报告，提议在 2030 年之前清理现有的所有污染场地。因此，对于污染场地修复的迫切需求促使监管部门寻求在社会、经济方面更加可行的解决方案，进而驱动可持续修复的推广。

四、来自场地业主的压力

通常情况下，场地业主对最终修复方案有一定的主导权，并承担修复花费，他们往往希望用最低的成本承担应有的修复责任。一方面，来自场地业主的压力往往会使修复降低成本，提升修复的经济可行性；另一方面，为了使场地尽早投入使用获得商业利益，场地业主更倾向于采取快速高效的方式修复污染场地。当以上两种因素综合起来时，他们将会在低成本/低效处理（如污染物监测自然衰减法）和高成本/高效处理（挖掘异位处理）之间不断权衡。

场地业主在考虑经济利益的同时，还要兼顾社会和环境可持续，尤其是一些大型企业，他们处于环境、社会、经济的三重责任底线的压力之下（Waddock et al.，2002）。对于修复项目而言，项目的社会和公众影响通常是企业的重点考虑因素，以避免采取不当的修复行为使企业形象受损。然而，把社会形象放在第一位的实施方案往往不能顾及经济利益的最大化。因此，一些企业通过向公众展示可持续性修复方案的方式，帮助业主在项目进行中获得理想的公众认可度。

一些污染场地的业主往往是大型的集团公司，他们是政策同化和改革的强劲推动力。这些公司可以跨越国界分享工程和技术经验。例如，一个在中国开展污染场地修复的跨国公司会依据自己国家的相关修复技术导则来进行施工。因此，大型国际公司将促进传统修复理念向可持续修复理念的转变，并打破既有政策的束缚，实现可持续修复跨地域的推广。

五、来自咨询设计方的压力

在欧美，咨询设计公司是项目的主要参与者，场地业主往往依靠咨询设计公司提供专业的方案和技术指导来实现污染场地的有效修复，他们在修复项目上的建议一般会成为场地业主和有关政府部门的决策依据，直接影响修复的可持续性。全球发展趋势表明，项目咨询师越来越强烈地认可可持续在现代社会发展中的重要性。因此，具有可持续性的设计被融入到修复项目中（DiMaggio and Powell，1983）。

六、制度压力

可持续修复行为在很大程度上受到了制度层面的影响。制度理论强调来自社会和文化的压力对组织行为的影响，根据制度理论，组织机构的决策受到强制力、模仿心理和行为准则的影响（Delmas and Toffel，2004；DiMaggio and Powell，1983）。强制力来源于政治和合法性考虑，模仿心理是对不确定性的正常反应，行为准则则与专业紧密相关。当一个新的行业领域（修复行业）形成时，制度压力会驱使从业者发生改变，从而形成新的规范准则（DiMaggio and Powell，1983）。可持续修复运动的兴起便是源于这样的机遇，可持续修复行为的制度压力来自多个方面：①“可持续性”得到了社会各界越来越多的关注和认可；②政府有关部门和非官方组织（如专业协会）发布了越来越多的关于可持续性的技术规范和标准；③可持续行为（如碳减排）正逐渐成为企业的社会责任。

举例来讲，LEED（leadership in energy and environmental design）是一个评价绿色建筑的标准，其把棕地的修复作为可持续发展的一部分，鼓励在工程实践中的可持续修复行为（USGBC，2011）。在一个修复案例中，场地业主为了得到LEED认证以获得更高的再开发收益，在修复过程中对废弃物进行了回收与再利用。在另一个修复案例中，场地业主根据LEED规范，对构筑物进行了“绿色拆解”。以上案例表明，可持续性评价和认证有效地促进了修复领域的可持续性实践。

在行业的发展过程中，行业改变往往难以预料且不受人为控制，但制度压力会使行业朝一个共同的方向发展。行业政策和从业者行为的转变往往是一个行业的转折点（Domhoff，1978），可持续修复运动的兴起便是这样的一个转折点，它会影响整个修复领域，与此同时，在不久的将来有关可持续修复的标准和规划也会相继出台。在中国这样的发展中国家，修复行业近几年才刚刚兴起，可持续修复的理念若得以接受并成为行业规范，将会使修复行业更加良性地发展下去。

七、来自其他修复参与方的压力

总承包方和关键技术供应商同样是修复工作中的关键角色，他们在修复设计和决策阶段的影响力有限，但在修复实施阶段起到了决定性作用。修复实施阶段是修复可持续性的重要影响因素，当总承包方采取可持续的手段实施修复时，将会间接对后续修复项目的决策产生影响。

关键技术的供应商往往能凭借技术优势占领市场，难以被取代，因此他们是修复实施过程中的重要影响因素之一。在修复技术的选择上，决策者往往更倾向于成熟可靠的，而非新兴的技术（EURODEMO，2005），这给新技术的推广设置了障碍。近年来，人们在技术创新时越来越多地考虑到技术的“可持续性”（Lubrecht，2012），可持续修复运动的开展无疑将更好地鼓励和促进技术上的创新。正如上述所提到的，可持续修复运动突破了制度和管理上的局限，为传统修复行业提供了新的解决方案，从技术角度来看，可持续修复既是机遇又是挑战。

八、来自间接利益相关方的压力

间接利益相关方是指不直接参与修复决策，或者参与非主要工作的团体。对于场地的周边居民、社区公众和民间环保组织等与修复承包单位没有利益关系的团体，他们倾向于与有关政府部门、修复实施方等主要利益相关方沟通来表达他们的诉求，从而间接影响修复的决策。公众认可度是典型的间接利益相关方压力来源，其被美国《综合环境反应、赔偿和责任法》规定作为修复方案选择的主要考量因素之一（USEPA，1988）。有研究表明，社区公众和环保组织能够对修复公司施加压力，有效地影响修复的组织行为（Baron，2003）。来自当地社会公众等间接利益相关方的压力会迫使污染场地业主推进修复项目开展。目前，关于社区公众和环保组织如何影响可持续修复运动的开展和应用仍然缺乏系统性的研究。

对于依附于修复主导方的间接利益相关方（如分包商）来说，理论上他们对修复决策的影响十分有限。但是由于修复决策过程的复杂性，间接利益相关方仍然能够发挥他们的特长来影响修复的实施。例如，虽然负责废弃物处理处置的承包商并非修复的主导方，比较容易被替代，但他们在废弃物处理处置上有所专长并熟悉当地的监管制度，因此他们的意见将有利于优化和完善废弃物的封存、运输和处置方案。

第三节　绿色可持续修复的定义、技术和方法

一、绿色可持续修复的定义和历史发展趋势

污染土壤修复起源于20世纪70年代末期，距今已有近40年的历史。随着修复行业的发展，欧美在改进污染土壤修复技术、建立和健全法律法规等方面取得了较多的进展。例如，20世纪80年代和90年代盛行的异位土壤焚烧和地下水泵提处理技术，到了21世纪逐渐被土壤和地下水的原位修复技术所取代。而最近10年间，国际修复界最重大的进展之一是绿色和可持续修复运动的兴起。绿色可持续修复理念的深入无论是在专业修复技术规范、政府指导性政策制定方面，还是在学术研究方面都表现出了日益增强的趋势。

各国政府和不同的行业协会对绿色可持续修复的定义略有差异，如欧洲国家更多地提倡“可持续修复”，而美国更多地提倡“绿色修复”。绿色可持续修复的前身是欧盟政府间修复组织于2002年提出的“可持续污染场地管理（sustainable land management）”概念（CLARINET，2002）。这一概念围绕着风险管理这一核心，强调修复过程中社会、经济、环境影响的全面优化。绿色修复注重修复的环境效益最大化，该概念的提出主要是美国环保局的组织职能受到相关法律的约束，而不能对修复过程中的社会和经济方面作出更多的干涉。美国的州际技术与管理委员会（Interstate Technology & Regulatory Council，ITRC）于2011年提出了绿色可持续修复的概念，其可以更好地结合绿色修复及可持续修复的理念（ITRC，

2011a)。根据美国政府技术与政策联合委员会的定义，绿色可持续修复超越了传统的决策方式，它是“技术、产品、流程”等在特定污染场地的应用。这种应用在控制土壤和地下水中潜在受体污染风险的同时，综合考虑了社区情况、经济影响及环境效应，达到“净效益最大化”。美国政府技术与政策联合委员会认为绿色可持续修复可以应用于修复的全过程，并且应该同时包括短期和长期的影响。

绿色和可持续修复运动在欧美等国家和地区的兴起有如下几个主要原因。第一个原因是曾经严格的和“一刀切”的修复标准造就了一些失败的修复工程，工程技术人员将失败的部分原因归咎于“过度修复”(over engineering)。这种过度修复的设计方案往往源于对污染物在土壤中的迁移和转换缺乏充分的科学认识，过于乐观地估计修复技术的有效性，或是采纳过于严格的修复标准，导致修复工程本身造价过高及不必要的“二次影响”，甚至修复失败。第二个原因是传统的修复决策过程，包括基于风险的污染场地管理，皆没有定量考虑污染修复本身所带来的负面环境影响。这些负面的环境影响，即所谓的“二次影响”，包括材料和能源的消耗、废物的产生、制造修复材料和装备能源过程中的污染物排放，以及污染修复过程中的二次污染。第三个原因则是社会公众、环保企业和学术界对绿色和可持续观念日益强烈的认同。在追求可持续发展的大环境下，对修复手段的“绿色可持续化”的需求也逐渐增强。

如图 1-2 所示，在过去的 10 多年里，绿色可持续修复在欧美获得了飞速的发展：绿色可持续修复的相关文献数量在此期间基本呈指数增长的趋势；英国、荷兰、加拿大、巴西、意大利、澳大利亚、新西兰等国相继成立了可持续修复论坛，推动绿色可持续修复运动在各国的发展；各国政府部门和行业协会不断发布关于绿色和可持续修复新的政策、指南、应用软件等；两大国际标准组织，美国材料与试验协会（American Society for Testing and Materials，ASTM）和国际标准化组织（International Organization for Standardization，ISO）都已经发布或者即将发布绿色可持续修复相关的国际标准。可以预见，绿色可持续修复将逐渐成为环境修复领域的一个主流观念和必要需求。

二、绿色可持续修复的技术与方法

不少修复行业的从业者根据绿色可持续修复的字面意思认为，绿色可持续修复就是使用植物或者生态的修复方式来进行环境治理，这是一个误解，和国际修复界通用的理解并不一致。真正的绿色可持续修复技术必须是基于可持续性评价来界定的。在某些情形下，植物修复的确能够在较低的能耗和材料消耗的前提下达到修复的目标，从而比其他修复方式更为“绿色可持续”。但是，在另外一些情形下，植物修复有可能由于效率较低、耗时较长和生物质处理过程中的能耗，以

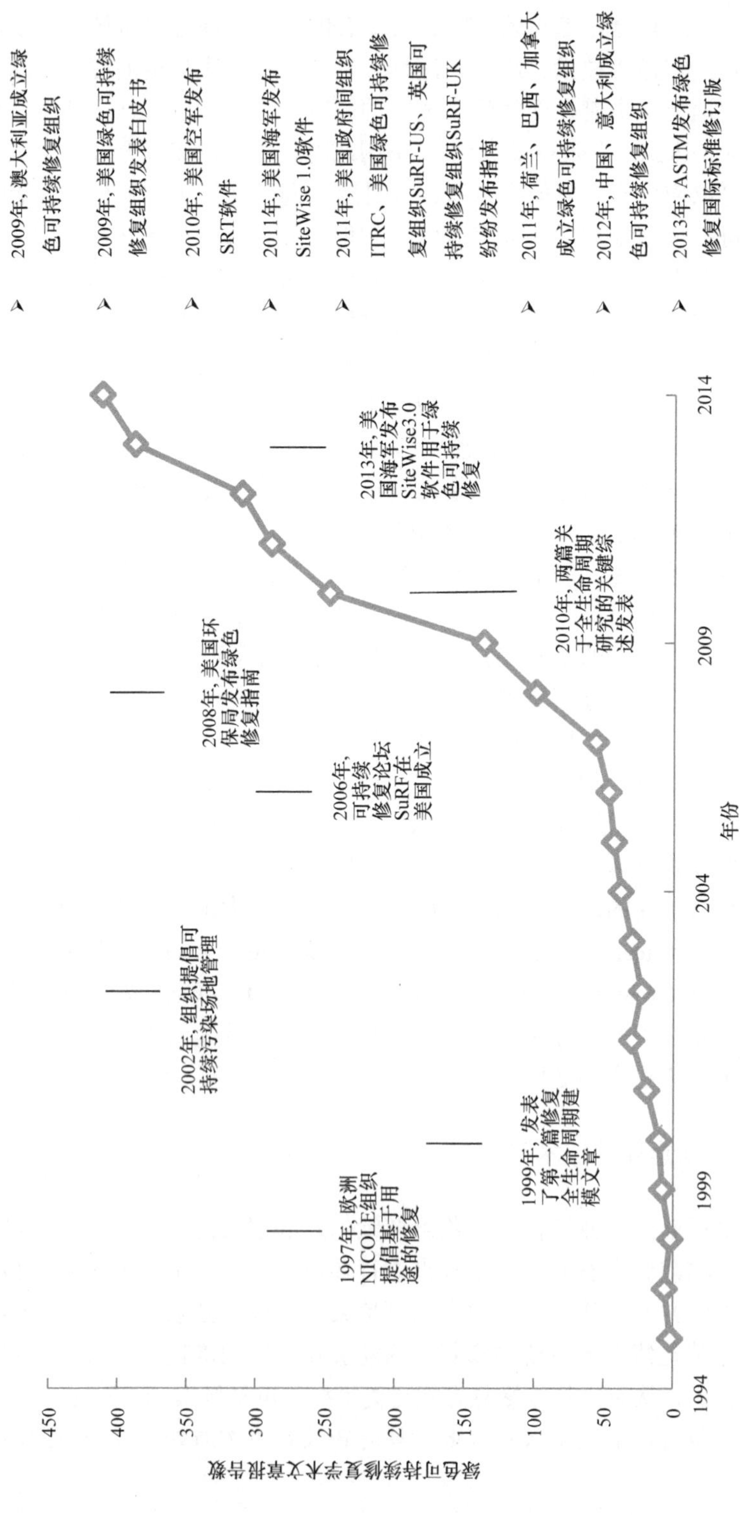

图 1-2　绿色可持续修复发展历史

及二次污染排放，被认为是“非绿色可持续”的。相对应的，高能耗的修复方式，如热脱附，可能在很多情形下是“非绿色可持续”的；但是，在处理土壤中氯代烃造成地下水长期污染的场地时，基于热脱附技术的修复方式有可能因为能够更快地去除污染物，使得整个生命周期的环境二次影响最小，从而成为最为“绿色可持续”的技术。

虽然在具体界定一个修复技术是否“绿色可持续”时，必须基于对具体场地修复的可持续性评价，但已有的科学研究发现已经得出了一些通用的结论。例如，实施绿色可持续修复要求更精确地界定污染范围，通过小点多处的处理达到同样的风险管控目的；倾向于采取原位处理而非异位处理方式；对于低风险和难去除的污染物采用监测自然衰减的手段等。为了减少二次影响，必须全面考虑修复所使用的材料和能源、对水资源的影响、所产生的废物的毒性和数量等。在实施绿色可持续修复的过程中，通常采取生命周期评价的方法，对修复活动涉及的所有材料、能源、设备都进行“摇篮-坟墓”式的环境影响评价，全面综合计算修复所获得的“净效益”。以此方式来选取最可持续的修复方案，识别修复过程中的热点问题，并相应地进行改进和优化。通过对这些技术和方法的有效使用，修复工作者可以达到避免过度修复和减少二次影响的目标。

第四节 核 心 要 素

一、框架：可持续性的整体框架

可持续性是一个宽泛而模糊的概念，它往往被模糊地定义从而灵活地适用于各行业的各种需求，在修复领域也是如此（Ellis and Hadley，2009；ITRC，2011b；SuRF-UK，2009）。尽管模糊的定义可以更为便捷地被大众理解和认同，但这也造成了目前人们在可持续修复的实施方式上难以达成共识。因此，一个在修复过程中综合考虑可持续性的整体框架可以更好地指导修复从业者开展绿色可持续修复。

修复的可持续性是一个复杂的、多层面的问题。通常将修复的可持续性这一普遍主体分为 3 个方面：环境影响、经济影响和社会影响。环境可持续性的核心任务是减少来自污染的危害风险和修复行为自身的二次影响。经济可持续性的考量包括两个方面：①修复操作的成本；②场地修复对区域整体经济的间接影响。传统的修复决策往往会考虑前者，而关于后者在研究和实践上的考虑，目前还比较少。社会可持续性的考量包括修复工作人员的健康安全、利益相关方的参与、公众参与及满意度、周边社区环境等各个方面的影响。目前存在这样一个共识：类似于评价环境影响的社会可持续性评价工具和方法十分缺乏，且其发展也相对滞后（Ellis and Hadley，2009；ITRC，2011a）。缺乏社会可持续性的考虑可归结于制度障碍，当前的行业体制导致修复从业者在技术和经济方面倾注精力，而对修复的社会影响关注较少，同时也缺乏相应的知识。对于社会方面的考虑将有助于促进修复行业的发展。

各机构发布的关于可持续修复的指导文件和白皮书中已经多次出现关于修复可持续性的讨论，通过对已有文献资料的梳理，作者将可持续性的考量因子分为27项，并根据问卷调查反馈结果对它们进行了分级（图1-3）。在考量因子的选择上，充分考虑到了不同地区和国家的修复行业环境的不同（如利益相关方、政策环境的不同），因此其中一些是通用的。而对于特殊的可持续修复实践，如修复方案的优化阶段，并没有被包含在其中。这些选中的可持续性考量因子全面包含了社会、经济和环境范畴。

依据来自16个国家的223位参与者的问卷调查反馈结果，我们对27项可持续考量因子根据问题“在修复方案的制定过程中，您认为这些考量因子对于修复可持续性的提升作用如何？”的反馈进行了排序。反馈结果由低到高为1～5分，分别表示“无效”至“非常有效”5个不同等级的选项。如图1-3所示，这些可持续性考量因子可以按照环境、经济、社会方面类别进行分类。虽然大部分属于环境范畴，但从结果可以看出，一些社会和经济方面的可持续性考量因子在修复中也占据重要地位。例如，社会方面的“保护修复工作者的健康和安全”得分超过了一些普遍的修复考量因子（生物群落、地下水和生态系统），处于可持续性考虑的首位。

除了环境、经济、社会方面的考虑，从时间和空间尺度来看，修复的可持续性还具有两个维度：短期影响和长期影响。图1-3中实线表示短期影响，虚线则表示长期影响。由于污染场地中的污染物对人体具有致癌性和积累性等健康风险，修复这些污染场地带来的效益会随着时间的增长而积累。也就是说，修复的可持续性评价是小范围长周期的。另外，正如上述讨论的那样，污染场地的修复关系到环境的二次影响，这种影响包括区域范围尺度和全球范围尺度的影响、短期和长期的影响两个方面，因此对修复可持续性的考量评价具有跨时间、跨地域的特性。

图1-3表明，目前可持续的短期影响受到的关注较多，虽然对于解决某些问题是有利的，但对于另一些问题则会构成危害。例如，全球范围的二次影响鲜为人所关注，发达国家场地修复方案制定者并不会关心发展中国家土地上钢铁企业造成的污染，这是显而易见的。然而当气候变化、臭氧层消耗等诸如此类的环境问题变成了全球性的问题时，这些跨时间、跨地域的可持续性方面问题，必须融入更完善的环境管理体系中，进而对修复的决策过程施加影响。

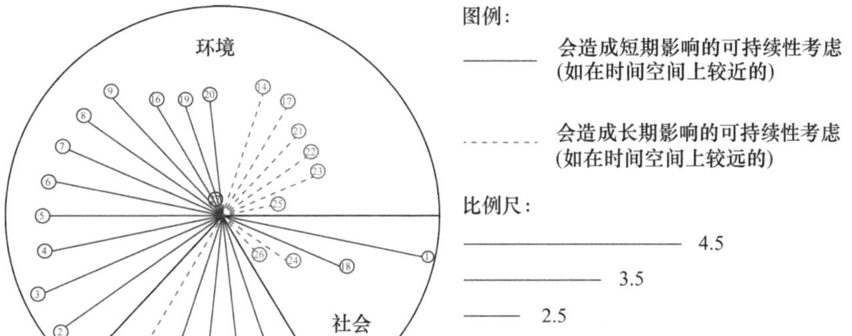

注：原始的分值是1～5分，在对可持续性考虑因素进行评分时，1分为“无效”，5分为“非常有效”

1	降低在场工人风险	15	提升资产价值
2	降低当地社区风险	16	增强重复利用和回收再利用
3	保护地下水和地表水	17	保护自然资源
4	余留污染物最小化	18	鼓励大众参与和利益相关者的参与
5	最小化当地二次环境影响 (如噪声、扬尘、异味、当地空气质量、交通等)	19	最小化用水
		20	使用环境友好的产品
6	保护栖息地和生态环境	21	最小化材料的使用
7	使用原位修复取代场外修复	22	最小化能量的使用，增加能量效率
8	最小化产生的垃圾	23	温室气体排放、化石燃料消耗、臭氧消耗峰等影响
9	最小化生态系统的风险		
10	最大化能够再次利用的区域	24	增加当地就业岗位
11	最小化对长期管理的需求	25	使用可持续的能源
12	降低生命周期成本	26	为劣势社区带来繁荣 (增加税收红利、教育、安全等)
13	使用快速追踪修复选项		
14	使用监测自然降解取代修复行为	27	利用副产品，如沼气生产电能

图 1-3　27 种修复中可持续的考虑方向分类和平均分数

二、方案制定：可持续性评价体系

使工程具有可持续性是一件极具挑战性的任务，就如同将一个复杂的问题转变成像牛顿运动定律一样可以被广泛传播的科学（Fenner et al.，2006）。可持续性评价是一种通过前瞻或者回顾的方式应对这个问题的重要工具。

目前人们主要采用生命周期评价（life cycle assessment，LCA）的方式对修复项目进行可持续性评价，生命周期评价主要关注多种修复技术在某一个固定的修复功能单元的可持续性（Owsianiak et al.，2013）。对修复的生命周期评价研究可以追溯至 20 世纪 90 年代，Diamond 是最早的研究者之一，他在场地修复方式选择方面设计出了一个生命周期评价框架，之后将此框架应用于 5 种不同的可持续修复技术的定性分析中（Diamond et al.，1999）。研究者已经针对包括原位固化稳定化（solidification/stabilization，S/S）、填埋、土壤淋洗、异位生物修复、覆盖、焚烧等在内的多种修复技术展开了有关生命周期评价的研究。目前，人们对污染场地修复的可持续性评价大多是针对污染土壤修复技术开展的，也有少数关于地下水修复技术（如抽出处理、渗透反应墙等）可持续性的研究（Bayer and Finkel，2006；Cadotte et al.，2007；Lemming et al.，2010；Mak and Lo，2011）。

目前，人们已开发出了许多用于评价污染场地修复可持续性的工具，如 SiteWise^{TM}、SRT、REC、GoldSET 等，它们有各自的优势和应用范围（Cappuyns，2016）。然而就现阶段而言，这些评价工具并非完全成熟，仍然需要根据用户反馈和新的研究成果作出不断改进。总体来说，修复的可持续性评价应该具有以下特点：①最大限度地量化分析；②全面分析，即包括社会、经济和环境方面的影响评价；③评价结果有利于作出决策；④适用于具体污染场地。

另外，一个污染场地的定量化可持续性评价也许会出现不合适或者不可行的情况，因为这样一种评价通常是数据密集型的，需要较多数据资源支撑。因此，建设一个被广泛运用且适用该领域的知识库显得十分必要。修复从业者可以依据库中的知识很好地对修复进行定量化评价。

三、弹性：长期的可持续性

修复后的场地污染重现是我们需要考虑的一个重要潜在问题。可持续修复不仅需要解决当下的环境污染问题，同时也需要关注未来可能形成的污染。因此，可持续性修复需要具有前瞻性，考虑到修复的长期效益。有关研究表明，人类社会之所以与自然生态能够可持续性地协同发展，是因为人们在不断改变的同时将好的东西保留了下来（Holling，2001）。对于修复领域而言，修复从业者需要在不断接受新的修复技术和理念的同时保障修复效果的有效性和稳定性。

作者认为，修复方案需要具有弹性，这是达成可持续修复目标的关键因素之一，即能够应对场地潜在的环境和使用功能变化，使修复具有长期有效性。修复方法和系统的更新包括以下几个方面：①适应不断发展的人类健康和生态环境标准；②适应场地未来的发展需求；③能够应对场地理化环境的变化。

环境管理标准的改变将会改变污染防治与场地修复之间的平衡关系，选择不同修复技术也会达到相似的结果。如图 1-4 所示，当管理标准变得越来越严格时，一个原有高成本的修复方案可能会变得具有经济可行性。基于此，美国的《综合环境反应、赔偿和责任法》更加鼓励场地业主采取永久的污染修复手段。

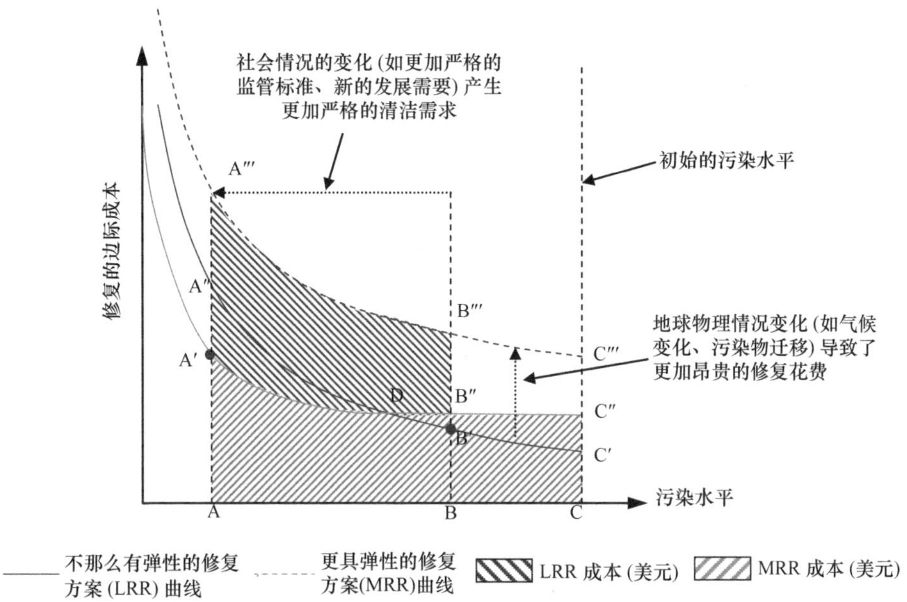

图 1-4　弹性修复策略的两个特征（彩图请扫封底二维码）

弹性修复方案特点：①对场地理化环境的改变更具适应性；②某些社会因素导致当修复标准更加严格时的边际成本较低。可能一个更具弹性的修复方案（more resilient remediation，MRR）较一个不那么有弹性的修复方案（lower resilient remediation，LRR）的一次投入成本更高（如图中 BCC′B′和 BCC″B″分别所示的区域），但是从长期成本考虑，MRR 能够比 LRR 低得多（如 ACC″A′和 ACC′B′B‴A‴）

另外，场地理化环境条件的改变，如气候变化、污染物迁移等，可能会导致采取弹性较弱修复的场地产生新的污染，进而间接增加修复成本。因此，从场地污染物迁移转换的角度来说，弹性修复方案是十分重要的。例如，在页岩气开发过程中的地表蓄污池和深层压裂液体注入都可能会导致地下饮用水的污染，而在当前理化环境条件下，污染物的迁移可能持续数十年甚至数百年。因此，开发更具弹性的修复技术和方案来应对此类污染问题是紧迫而必要的。

第五节　符合中国国情的绿色可持续修复

我们曾经在前文中表达过这种观点：修复从业者在利用可持续方式展开环境修复时感觉到越来越大的压力。这种对可持续修复的要求部分来源于对修复本身的认知：认为修复会带来负面的环境影响（如二次环境污染）。更重要的是，利益相关方及整个社会在当前可持续发展中对可持续性的要求越来越强烈。这些来自社会和制度的双重压力在不断传播并放大。修复企业必须对这种诉求作出及时策略性反应，以应对残酷的竞争压力。

我们认为，可持续性观念的兴起和认可对于修复领域学界和企业界而言机会和挑战并存。新的可持续修复规范不仅有助于高效处理现有场地污染，还可以减少未来新污染场地产生数量。然而，对于那些未来不可避免的污染场地，新的可持续修复规范应该也会有助于高效场地修复方案的设计。可持续修复并不是简单的技术方法，也不是简单的评价标准。它呈现出的是一种崭新的思维方式。它应该从这种简单的观念中独立出来：可持续性作为一种修复方案制定过程中额外的平衡因素，参与者应该将可持续性考虑像成本、技术可行性考虑一样加入项目的整体环节中。除此之外，可持续性观念在修复实践中成功被认可还依赖于适应性管理和学习制度。让专业人员通过持续的学习过程理解为什么及如何才能实现可持续性，这需要广泛的科学知识。从某种意义上讲，学术界、政府、企业的联合行动可以充分发挥可持续修复运动的上述功能。

随着国内工业和农业的高速发展，大量的工业用地和农业用地土壤被各种有毒有害的化学物质所污染，给人们的身体带来健康风险，对环境管理部门提出了严峻的挑战（环境保护部，2014）。相比水污染和大气污染，土壤污染具有隐蔽性强、自净能力差、风险积累时间长等特点。这些特点给污染土壤修复带来了极大的困难，也是各级管理部门有效实施国务院最新颁布的《土壤污染防治行动计划》（简称《土十条》）所必须面临的挑战。欧美从 20 世纪 70 年代就已经开始进行土壤修复的工作。在过去近 40 年的修复历史中，国外的科研工作者在修复技术和科学管理方面进行了大量的研究工作，积累的众多知识都值得我们借鉴。近 10 年，欧美修复界最重要的一个变化是绿色可持续修复（green and sustainable remediation，GSR）运动的兴起。绿色可持续修复综合考虑全生命周期的社会、经济、环境影响，可以有效地减少过度修复和二次污染，非常值得我国在污染土壤修复过程中借鉴。

一、我国污染土壤修复的现状分析

我国土壤污染的问题比较严重。随着人民生活水平和健康意识的提高，政府部门对土壤环境质量日益重视，尤其是继《土十条》颁布后，污染土壤修复即将进入高速发展的时期。但是，我国污染场地修复也面临着很多的困难。例如，我国的面源污染较多，部分地区的重金属污染物自然本底值偏高，造成大面积土地的土壤环境质量不达标。这种大面积的污染极难依靠传统的工程方法来完成修复，如果采取强制性方法进行修复，其带来的二次影响有可能超过污染土壤本身带来的危害。对点源造成的污染土壤进行修复也有很多困难。最古老的“一刀切”的统一修复标准曾经给美国和荷兰带来了很多“过度修复”的问题，值得我们借鉴。随后发展起来的基于风险的修复标准则对管理部门的专业水平、设计和施工单位的职业道德操守，以及公众的理智参与都提出了很高的要求。目前我国在这几个方面的工作都比较落后，这对于实施当下国际通用的基于风险的修复标准来说是很大的挑战。

土壤修复另外一个很大的困难是我国的土壤污染和地下水污染在很多时候仍然被分别对待。虽然这种现状在很大程度上是由历史原因和行政管理困难所造成的，难以在短期内克服，但是这种人为隔离土壤污染与地下水污染的做法同样是违背科学原理的。从更长的时间尺度上来考虑，这种单独修复污染土壤而不考虑污染地下水的行为，是一种“不绿色”“不可持续”的做法，必然在将来产生很多的问题，造成大量的二次影响。作者认为，这些困难既是挑战又是机遇。我国在攻克污染土壤修复难题的同时，必然需要在自然科学和管理科学方面都取得一些普适性的进展。以绿色可持续修复为例，我们在法律和政策方面的历史包袱小，能够有机会很好地利用最新的科学发现，建立世界领先的绿色可持续修复技术和管理体系。

二、推动我国污染土壤绿色可持续修复的必要性

绿色可持续修复理念的一个最重要的目的是减少二次影响，包括二次污染。传统的污染修复方式可能导致较多的二次污染。在某些情况下，二次污染的负面效应可能远超过修复本身带来的正面效应。国外的先行国家为我们提供了参考的案例。一个典型的案例发生在英国城市 Corby。20 世纪 80～90 年代，Corby 的市政部门在一些搬迁的工厂旧址上进行地产开发，在开发的过程中同时进行了污染土壤的治理。但是直至 21 世纪初，人们才发现污染土壤治理的过程中造成了巨大的二次污染，导致 Corby 居民出现了很多健康问题，包括新生畸形儿等（Lee，2009）。最近发生的我国常州外国语学校受相邻土壤污染地块影响的事件，也体现了控制二次污染对污染土壤修复的重要性。英国的剑桥大学、雷丁大学及丹麦科技大学等研究机构的学者对污染土壤修复过程中的二次影响进行了全生命周期建模（Al-Tabbaa et al.，2007；Hou et al.，2014；Lemming et al.，2010），结果证明在土壤修复过程中对二次影响进行定量化考量非常必要。二次影响涵盖各类环境危害，其中以空气污染最为显著。考虑到我国空气污染情况严重，我们在根据《土十条》要求实施污染土壤修复的过程中尤其需要全面考虑二次污染，以避免“捡了芝麻，丢了西瓜”的后果。

在传统污染土壤修复的环境管理和决策过程中，往往强调的是在污染所在地的风险和影响，而忽略了修复过程本身所造成的跨时间、跨地域的负面环境影响，也忽略了环境修复对社会和经济的影响。我国目前的修复工程具有规模大、操作粗放、缺乏精细管理、决策过程只基于一时一地考虑等特点。这些特点使得修复工程的环境效益大打折扣，甚至可能导致环境负效益。在修复技术和修复药剂的开发方面，部分科研工作者片面追求处理效率的提高，不够重视技术和药剂本身

的环境影响。推动我国污染土壤的绿色可持续修复，可以有效地改变现状，让有限的资源得到更好的配置，使我国的污染土壤修复工作更为良性和有效地发展。

三、政策与管理重点发展方向

（一）增强风险管控的科学认识与管理能力

我国在制定土壤环境质量标准方面做了大量的科研工作（骆永明等，2015）。目前业界有两种声音，一种认为目前中国适合采取统一的修复标准而非基于风险评价的修复标准，以避免从业者钻空子、偷工减料。另外一种则认为我们需要积极推进基于风险管控的修复方式。作者认为，基于风险评价的修复是一种必然的趋势，使用统一的修复标准容易造成过度修复，尤其是在忽略二次影响的前提下，有可能出现花费大量人力和物力之后，环境净效益却为负值的情况。为了增强风险管控，除了需要增强管理部门的专业素养和监管能力及加强对业主和施工方的责任控制之外，还有两点需要加强：①必须加强有关风险评价的科学研究，用符合中国国情的风险模型和参数来取代目前普遍使用的源自欧美的风险模型和参数；②需要超越简单的风险评价，将全生命周期考量（包括二次影响）和健康与生态风险评价有机结合来更全面、更综合地评价环境成本与收益，优化修复标准。

（二）通过精细调查与精准修复增强绿色可持续性

我国现行的污染土壤修复项目普遍存在轻调查设计、重工程的倾向。很多场地在没有被彻底调查的情况下，就确定了污染和修复的范围。这种现状是违背国际修复界通用做法的。调查不细致容易导致污染物残留，而且由于使用者认为已经修复完全，因此可能加大暴露的风险。另外，调查布点过于稀疏会导致大量的干净土壤被误作为污染土壤被处理，修复的流程往往会使得土壤失去本身的一些功能，这一做法会导致“健康”土壤变成不良土壤。从绿色可持续修复的角度来看，我们认为这种做法会大大减少修复所带来的正面效益，并增加修复负面环境成本，出现修复工作环境净效益可能小于零的情形。

（三）推动基于生命周期评价的决策方法

如上所述，传统的决策方法容易造成修复过程中的某些环境代价被忽视。为了推动可持续的发展，我们必须开发新的基于全生命周期考量的决策方法。这种方法不是止步于对土地流转各个环境加强管控（如上海市环境保护局在 2016 年 6 月 13 日发布了《上海市经营性用地和工业用地全生命周期管理土壤环境保护管理办法》），更重要的是对跨时间、跨地域的环境、社会、经济效益进行综合考量。这种考量可以在不同的层次得到体现。在国家和地方政府层面，这种新的基于全生命周期的可持续性评价的决策方法，可以科学定量地来制定环境标准指导值。这种综合的方法相比单纯的基于风险评估的方法更符合可持续发展的理念。在具体项目层次，这种基于全生命周期评价的决策方法可以用于对比待选修复方案，并对选定的修复方案进行不断优化。

参考文献

环境保护部. 2014. 全国土壤污染状况调查公报. 中国环保产业, 36(5): 10-11.

骆永明, 夏家淇, 张海波, 等. 2015. 中国土壤环境质量基准与标准制定的理论和方法. 北京: 科学出版社.

Al-Tabbaa A, Harbottle M, Evans C. 2007. Robust sustainable technical solutions//Dixon T, Raco M, Catney P, et al. Sustainable Brownfield Regeneration. New Jersey: Blackwell Publishing.

Baron D P. 2003. Private politics. Journal of Economics & Management Strategy, 12(1): 31-66.

Bayer P, Finkel M. 2006. Life cycle assessment of active and passive groundwater remediation technologies. Journal of Contaminant Hydrology, 83(3): 171-199.

Cadotte M, Deschênes L, Samson R. 2007. Selection of a remediation scenario for a diesel-contaminated site using LCA. The International Journal of Life Cycle Assessment, 12(4): 239-251.

Cappuyns V. 2016. Inclusion of social indicators in decision support tools for the selection of sustainable site remediation options. J Environ Manage, 184(Pt 1): 45-56.

DEFRA. 2006. Defra circular 01/2006, environmental protection act 1990: Part 2A, contaminated land. Defra. Department for Environment, Food and Rural Affairs, London, UK.

Delmas M, Toffel M W. 2004. Stakeholders and environmental management practices: an institutional framework. Business Strategy and the Environment, 13(4): 209-222.

Diamond M L, Page C A, Campbell M, et al. 1999. Life-cycle framework for assessment of site remediation options: method and generic survey. Environmental Toxicology and Chemistry, 18(4): 788-800.

DiMaggio P J, Powell W W. 1983. The iron cage revisited: institutional isomorphism and collective rationality in organizational fields. American Sociological Review, 48(2): 147-160.

Domhoff G W. 1978. The powers that be: processes of ruling-class domination in America. New York: Random House Inc.

DTSC. 2009. Interim advisory for green remediation. Sacramento, CA: Department of Toxic Substances Control.

Ellis D E, Hadley P W. 2009. Sustainable remediation white paper—integrating sustainable principles, practices, and metrics into remediation projects. Remediation Journal, 19(3): 5-114.

EURODEMO. 2005. Status report on decision making processes and criteria. European Co-ordination Action for Demonstration of Effient Soil and Groundwater Remediation.

Fenner R A, Ainger C M, Cruickshank H J, et al. 2006. Widening engineering horizons: addressing the complexity of sustainable development. Engineering Sustainability, 159(4): 145-154.

Garon K P. 2008. Sustainability analysis for improving remedial action decisions. 2008 State Superfund Managers Symposium. Association of State and Territorial Solid Waste Management Offices, Scottsdale, AZ.

Holling C S. 2001. Understanding the complexity of economic, ecological, and social systems. Ecosystems, 4(5): 390-405.

Hou D, Al-Tabbaa A. 2014. Sustainability: a new imperative in contaminated land remediation. Environmental Science and Policy, 39(5): 25-34.

Hou D, Al-Tabbaa A, Guthrie P, et al. 2014. Using a hybrid LCA method to evaluate the sustainability of sediment remediation at the London Olympic Park. Journal of Cleaner Production, 83: 87-95.

ITRC. 2011a. Green and sustainable remediation: a practical framework. Washington DC: Interstate Technology & Regulatory Council.

ITRC. 2011b. Green and sustainable remediation: state of the science and practice. Washington DC: Interstate Technology & Regulatory Council.

Lee R. 2009. Old iron: birth defects litigation and the Corby steelworks' reclamation. Journal of Professional Negligence, 24: 174-186.

Lemming G, Hauschild M Z, Chambon J, et al. 2010. Environmental impacts of remediation of a trichloroethene-contaminated site: life cycle assessment of remediation alternatives. Environmental Science and Technology, 44(23): 9163-9169.

Lubrecht M D. 2012. Horizontal directional drilling: a green and sustainable technology for site remediation. Environmental Science & Technology, 46(5): 2484-2489.

Madejón P, Barba-Brioso C, Lepp N W, et al. 2011. Traditional agricultural practices enable sustainable remediation of highly polluted soils in Southern Spain for cultivation of food crops. Journal of Environmental Management, 92(7): 1828-1836.

Mak M S H, Lo I M C. 2011. Environmental life cycle assessment of permeable reactive barriers: effects of construction methods, reactive materials and groundwater constituents. Environmental Science & Technology, 45(23): 10148-10154.

Maurer O. 2009. NICOLE's shared vision on sustainable remediation. Copenhagen: Green Remediation Conference.

McLaren S, Worboys M, Speake O, et al. 2009. *Ex-situ* thermally enhanced coal tar recovery-a low carbon option. Copenhagen: Green Remediation Conference.

Owsianiak M, Lemming G, Hauschild M Z, et al. 2013. Assessing environmental sustainability of remediation technologies in a life cycle perspective is not so easy. Environmental Science & Technology, 47(3): 1182-1183.

SNOWMAN. 2009. The Rejuvenate decision-making approach-a worked example-crop based systems for sustainable risk based land management for economically marginal degraded land. Sustainable Management of Soil and Groundwater(SNOWMAN).

SuRF-UK. 2009. A review of published sustainability indicator sets: how applicable are they to contaminated land remediation indicator-set development? Contaminated Land: Applications in Real Environments (CL: AIRE), London, UK.

USEPA. 1988. Guidance for conducting remedial investigations and feasibility studies under CERCLA (Interim Final). EPA/540/G-89/004. USEPA. Washington DC: United States Environmental Protection Agency.

USEPA. 2004. Cleaning up the nation's waste sites: markets and technology trends, 2004 Edition. Washington DC: United States Environmental Protection Agency.

USEPA. 2008. Green remediation: incorporating sustainable environmental practices into remediation of contaminated sites. EPA 542-R-08-002. USEPA. Washington DC: United States Environmental Protection Agency.

USEPA. 2009. Principles for greener cleanups. Washington DC: United States Environmental Protection Agency, Office of Solid Waste and Emergency Response.

USEPA. 2010. Superfund green remediation strategy. Washington DC: United States Environmental Protection Agency.

USGBC. 2011. LEED 2009 for new construction and major renovations (updated November 2011). USGBC. Washington DC: United States Green Building Council.

Waddock S A, Bodwell C, Graves S B. 2002. Responsibility: the new business imperative. Academy of Management Executive, 16(2): 132-148.

第二章　绿色可持续修复的历史及发展

相较于世界上许多其他国家和地区，欧美是最早登上绿色可持续修复历史舞台的，他们为世界绿色可持续修复的历史发展奠定了坚实的基础。近年来，中国、日本等亚洲国家，澳大利亚、新西兰等大洋洲国家，巴西、哥伦比亚等南美洲国家和组织也开始意识到绿色可持续修复的重要性，开始了在这一领域的探索。了解绿色可持续修复在全球范围内的历史和发展情况，能够为我国绿色可持续修复的发展提供借鉴，积累经验。

第一节　欧洲污染场地的可持续修复

英国、荷兰及意大利是欧洲可持续修复运动历史发展最具代表性的国家。这3个国家都成立了自己独立的可持续修复论坛。此外，欧洲各国还成立了合作发展的国际论坛：欧洲工业污染土地联盟（Network for Industrially Contaminated Land Europe，NICOLE）和共同论坛。这些国家和组织推动了可持续修复理念的传播，可谓是可持续修复界的标杆。

一、英国

英国可持续修复论坛成立于2007年，成员包括顾问、学者、个人和监管机构。从一开始，英国可持续修复论坛的指导小组就受到上层监管机构的督管。监管机构的主要职责是帮助英国可持续修复论坛完成思维模式的塑造，认为污染场地修复是可持续发展不可分割的组成部分。英国可持续修复论坛有一个重要任务——制定一个可持续修复框架，旨在指导选择更加可持续的污染修复方案（SuRF-UK，2010）。在英国可持续修复论坛的主导下，可持续修复框架在2010年诞生了，该框架指导如何综合考虑和权衡修复的社会、环境和经济因素，它的使用范围横跨修复项目的规划设计和实施阶段。值得一提的是，在这个框架中，“场地污染”的概念也将地下水的污染问题包含了进去。对于英国来说，可持续修复是一种示范性的修复实践，通过可持续修复框架，可以权衡环境、经济和社会影响，选择最佳修复方案，使修复项目最终产生的正面影响远大于负面影响。

虽然英国可持续修复论坛所发布的文件并非政策性文件，但可持续修复框架受到了政府的大力鼓励和支持。由于大部分英国政府的政策是与可持续发展观念紧密相连的，关于可持续修复的系列文件被当地从业者作为行业标准来使用（SuRF-UK，2009），包括英国可持续修复论坛发布的可持续修复白皮书、可持续修复框架、可持续性指标报告等。2012年，英国可持续修复论坛开展了进一步的工作，包括出版一系列使用可持续修复框架的案例研究、编写可持续定性评价技术指南、最佳管理措施的发展研究等。2013年，英国可持续修复论坛召集修复利益相关各方开展了研讨会，加强了行业交流，并在会上展示了他们编制的草案并征询意见。另外，壳牌公司（Shell Corporation）和英国国家电网赞助支持了一些可持续修复方面的硕士学位项目，加强了与学术界的交流。同年，英国可持续修复论坛的代表出席了几大全球重要的有关可持续修复主题的会议：美洲AquaConsoil会议、欧洲工业污染土地联盟会议和Clean Up会议。2014年，英国可持续修复论坛将他们的成果和工作报告进行了总结并汇编成册出版。2015年，他们加强了与英国监管机构的合作并且为论坛开展了宣传工作，与欧洲工业污染土地联盟共同编写了《英国及欧盟可持续修复政策法规概述》（*A Review of the Legal and Regulatory Basis for Sustainable Remediation in the European Union and the United Kingdom*）。在2015年的AquaConsoil会议上，英国可持续修复论坛协助召开了可持续修复专题讨论会，在会上，Nicola Harries对国际可持续修复论坛的布局和发展脉络进行了介绍。

实际上，可持续修复在英国的推广并非一帆风顺。英国可持续修复论坛的成员发现，即便是英国相关法规和指南的编写者或签署人，也缺乏对可持续修复及其内涵的认识（Bardos et al.，2011）。在编写应用可持续修复框架及路线图的案例研究时也遇到了不少阻力，因为可持续修复的普及率仍然有限，仅有小部分客户会要求进行污染场地修复的可持续性量化评估。为了应对这一挑战，英国可持续修复论坛计划与更多的行业相关人士加强交流，如城市规划设计师。此外，有关监管部门的支持也是至关重要的，在环境政策趋于放宽的英国，可持续修复的经济效益和社会效益需要更多地为人们所了解。针对目前的问题，英国可持续修复论坛仍将继续回应公众关于可持续发展方面的咨询，并且就他们下一阶段的工作任务达成共识：以可持续理念宣传为中心，并巩固已经完成的成果，以不同的方式向受众群体展示他们的理念。

二、荷兰

随着2010年可持续修复白皮书的发布，荷兰可持续修复论坛于2011年正式成立。荷兰的可持续修复运动主要关注的是可持续的土壤和地下环境质量管理，该管理体系遵从全过程透明化的原则。荷兰可持续修复论坛认为可持续的土壤和地下环境质量管理是一种基于环境、经济、社会因素综合考量的优化管理，从而使修复带来的效益大于其自身造成的负面影响。虽然没有政府的资金支持，但业内提供的少量资金保障了荷兰可持续修复论坛开展对土壤的可持续利用的技术指导工作。

2012 年，荷兰可持续修复论坛由 TAUW 集团的 Laurent Bakker 与 ARCADIS 集团的 Hans Slenders 共同领导。在此阶段，论坛的成员大多是技术顾问，他们积极尝试将地方政府有关机构成员纳为会员以扩大论坛规模。荷兰相较别的国家来说更有远见，可以说先人一步，他们并没有驻足于促进可持续的土壤和地下水的管理推行工作，而是在此基础上，把工作重点放在了相关知识的传播和教育上，政府机构是他们的重点对象。论坛成员发现，可持续修复是一个在荷兰国家层面被广泛接受的理念，然而，在地方层面的执行和推广仍存在着困难。他们认为，使可持续修复更好地推广的唯一途径是提供案例，于是荷兰可持续修复论坛开始致力于案例研究，并在全国性会议上展示其成果，以提高公众对可持续修复的认识。到 2012 年年底，荷兰可持续修复论坛举办了一系列可持续的土壤管理研讨会，研讨会热点便是可持续修复的案例研究，他们希望扩大研讨会的规模，与修复承包商进行更多的沟通交流。2013 年，荷兰可持续修复论坛在国家有关期刊上发表了可持续修复行动意见书，并推进了可持续修复网站的建立。同年，荷兰可持续修复论坛出席了 AquaConsoil 会议并参加了可持续修复专题分会。2015 年，论坛发布了荷兰语的短篇荷兰土壤可持续利用技术指南，通过该指南可以链接到可持续修复工作的全球网络。因为没有资金来源，所以论坛成员并没有对荷兰可持续修复论坛在近期进行任何活动有任何预期，他们通过 NICOLE 的可持续修复工作组继续他们的行动（NICOLE，2002）。2016 年，在荷兰可持续修复论坛的主导下成立全国土壤论坛的计划得到了政府的支持，未来的有关活动和研讨会将会通过这个论坛举办。

三、意大利

意大利可持续修复论坛的雏形是由 AECOM 公司的 Alessandro Battaglia 和西图公司的 Claudio Albano 于 2012 年联合创办的一个公益性质的非正式工作组，旨在通过选择最佳的修复技术和方案，在污染场地修复的层面推广可持续发展理念。他们认为，可持续修复可以被定义为污染场地管理和选择最佳的修复技术与方案的过程。在这个过程中需要考虑环境、社会和经济因素，得到利益相关方的认可，并经过权衡决策，最大限度地提高修复的效益。

在意大利可持续修复论坛正式成立后，成员们成立了一个执行委员会，组织开展可持续修复研讨会，主要目的是扩大组织规模、策划公共活动，以及为论坛成员提供技术培训。与此同时，论坛对各界人士进行了问卷调查，以了解当前公众对可持续修复的认知程度。2013 年，意大利可持续修复论坛与意大利环境、领土与海洋部开展合作，并成立工作组，建立了专题网站。工作组的主要工作是编写可持续修复白皮书及可持续修复的案例研究。在 2013 年的 Remtech 会议上，意大利可持续修复论坛开展了一个关于可持续修复的特别企划，来自加拿大和荷兰可持续修复论坛的成员与他们展开交流并探讨了可持续修复的内涵和未来的机遇与挑战。2014 年，意大利可持续修复论坛继续招收新的行业成员，但由于国家经济原因，政府有关机构并没有加入到成员单位名单中。他们主持了 2014 年的 SustRem 会议（可持续修复会议），包括一系列由美国环保局的污染场地清理信息中心（Clean Up-Information，CLU-IN）牵头的网络会议（CLU-IN，2014）。虽然意大利还没有自己的可持续修复执行框架，但其可持续修复论坛编译了 12 项案例研究，其中包括了一些国外案例。此外，意大利可持续修复论坛也开始提供可持续性评价方面的培训，并与罗马第一大学（简称罗马大学）合作开展可持续修复评价的硕士课程。2015 年，意大利可持续修复论坛在可持续修复白皮书的基础上发布了《意大利可持续修复实施指南》（*Technical Guidance for Implemetation of Sustainable Remediation in Italy*）。当年，他们约有 40 个来自包括民间、学术界及政府部门的成员。2016 年，他们出席了全国学术研讨会（Syngenta International Conference，SICON），并在 2016 年的 SustRem 会议上进行了成果展示。意大利可持续修复论坛也参与了威尼斯大学主导的一个名为“ReSite”的欧盟资助项目，旨在寻找提升未使用或正在使用地块环境管理的方法。该项目将通过基于可持续、综合的方法和手段，使城市功能区（functional urban area，FUA）变得更加清洁、健康和宜居。

四、欧洲工业污染土地联盟

欧洲工业污染土地联盟（Network for Industrially Contaminated Land Europe，NICOLE）认为，一个更完善的场地修复方案应加入可持续发展及有效的风险管理元素（NICOLE，2002）。与美国的州际技术与管理委员会的定义异曲同工，欧洲工业污染土地联盟认为，可持续修复方案将环境、社会、经济三方因素纳入考量，是利益相关方都认可的最佳修复方案（Maurer，2009）。

欧洲工业污染土地联盟的成果之一是完成了一个独立于国家具体立法体系之外的发展路线规划书。这个发展路线规划书起初并没有得到欧洲官方机构的支持，因此他们开始与共同论坛展开合作，发表了联合立场声明，使得他们的工作与监管环节得以衔接（NICOLE，2008）。2012 年，WSP 集团的 Sarah Mackay 和 Hoenywell 公司的 Lucy Wiltshire 开始共同主持 NICOLE 的工作，他们领导的队伍发布了许多结合了风险评估与经济学相关的可持续修复指导工具及可持续修复指标等内容的技术文件。与此同时，他们进行了关于欧洲修复从业者对可持续修复所持观点的调查研究，并且出席了 2012 年的 SustRem 会议。2013 年，NICOLE 与共同论坛发表了关于可持续修复的立场的联合声明，以求扩大他们理念的传播范围。根据组织成员的要求，NICOLE 将团队的主要精力放在出版案例研究上。2014 年，他们的工作包括继续发布案例研究、跟踪可持续修复国际标准组织（ISO）创立情况及促进客户之间的沟通。他们与共同论坛合作召开了一个研讨会，题为“欧洲污染土地政策框架：使土地管理和促进可持续发展共同发展成为可能”。随后，Hans Slenders 和 Laurent Bakker 接任成为 NICOLE 可持续修复工作组的联合主席，负责主持 NICOLE 的工作。2015 年，他们将更多精力投入到发布符合 NICOLE 可持续修复理念的案例研究中，同时，NICOLE 也出席了 Renaremark、AquaConsoil 和 Clean Up 等国际会议。此时，NICOLE 的大部分出版工作都已经完成，但工作团队仍然将收集高质量的案例研究作为一个工作重点。将来，欧洲工业污染土地联盟的可持续修复工作组将对举办推广活动和会议仍保持较高的积极性，以促进可持续修复的继续发展。

五、共同论坛

污染场地共同论坛（Common Forum）是一个由污染场地修复与管理的政策制定方、监管机构、来自欧盟成员国和欧洲自由贸易协会国家环境主管部门的技术顾问于 1994 年成立的联合论坛（CLARINET，2002b），它是一个会员间的交流平台，旨在就国际项目分享知识和经验，以及探讨有关污染场地修复的政策、技术和管理。共同论坛由 Dominique Darmendrail 负责管理。论坛关于可持续土地管理理念的第一次讨论在一个名为“CLARINET”的网络上展开，该网络由欧盟出资建立。他们在 *CLARINET*（*Contaminated Land Rehabilitation Network for Environmental Technologies*）上发表了一篇将可持续发展与以风险为基础的管理相结合的科技论文（CLARINET，2002a）。共同论坛也与欧洲工业污染土地联盟合作发表了一个关于可持续修复的联合声明，以帮助欧洲工业污染土地联盟接触到监管部门（NICOLE and COMMON FORUM，2013）。

第二节　北美洲的绿色修复运动

与欧洲一样，北美洲也是开展绿色可持续修复运动较早的地区。他们与欧洲有着相同的可持续修复理念：采取环境、社会、经济三方面综合效益最大化的修复方案。在北美洲，绿色可持续修复主要推动者是可持续修复论坛（SuRF/SuRF-US）。此外，包括美国的州际技术与管理委员会在内的其他组织机构也参与绿色可持续修复的推广（ITRC，2011a）。

一、美国

美国的可持续修复理念强调在整个修复过程中，保护生态环境和人体健康的同时，尽最大可能实现经济资源的优化配置，保护自然资源和生物多样性，以及提升场地周边居民的生活质量，最大限度实现经济、环境、社会三方利益的最大化（Ellis and Hadley，2009）。

美国可持续修复论坛最早在DuPont公司David Ellis的带领下成立于2006年。2009年，论坛发布了绿色修复的白皮书，并于2012年出版了绿色修复工作框架、评价工具及生命周期评价指南手册等系列文件（Bare et al.，2006）。同年，Hayley & Aldrich公司的Karin Holland成为了美国可持续修复论坛的主席，他们开展了许多实用的项目，包括创立可持续修复和二次发展综合体、开发可持续修复资源索引、探索可持续修复等级评定体系和水资源回收再利用指南的编写（Holland，2011）。他们与其他可持续修复推动机构及学校开展合作，希望能够建立长期合作关系，加深影响力。因为在绿色修复和可持续修复的理念之间存在一些分歧，美国可持续修复论坛没有和美国环保局展开合作。然而，美国环保局仍试图与美国可持续修复论坛保持良好的关系，并且在必要时提供相关政策的支持。美国可持续修复论坛在他们的第21次会议上邀请了大批国际修复从业人员参会，目的是了解世界各地可持续修复论坛所取得的成就，并且利用这些资料着手编著国际可持续修复白皮书。2013年，Nick Garson成为了论坛的主席，他将论坛的主要工作放在了5个重点方面：①水资源的保护和循环利用；②评价环境修复社会影响的方法论和案例研究；③研究修复案例如何符合可持续修复的经济、环境和社会的“三重底线”标准，并为案例研究设置评价标准和格式要求等；④编著国际可持续修复白皮书，推动可持续性修复理念国际化；⑤与政府机构代表沟通交流，实现与政府机构（包括州政府和国家政府）的关系拓展（Holland et al.，2013）。2014年，美国可持续修复论坛希望能够与如绿色建筑委员会这样的除了标准制定机构之外的组织实现合作（USGBC，2011）。他们在2013年雄心勃勃，但实际进度并没有跟上预期的计划，于是他们将重心放在了3个需要完成的关键成果上：案例研究（美国可持续修复论坛同时也希望可以和加拿大可持续修复论坛，以及别的可持续修复论坛团队分享案例研究）、修复的社会影响评价研究及推动可持续修复发展。随后，美国可持续修复论坛与美国环保局、国防部、能源署及美国州际技术与管理委员会共同展开了交流，分享了不同的组织机构对于绿色可持续修复的理解，在一些观念和专业术语上达成了共识，并明确了未来的机遇和挑战。2015年，Maille Smith 成为了美国可持续修复论坛的主席，在她的带领下，论坛继续在地下水保护和利用方面开展工作，并且积极开拓与外界的交流，尤其是寻求与监管部门合作的机会，同时他们也开始着力拓展与美国环保局在相关领域的合作。美国环保局已经在修复的技术指南文件中提出了可持续修复的有关要求。2016 年，John Simon 成为了论坛主席。他们利用论坛 10 周年庆的机会吸引了许多新成员的加入，并出版了《可持续修复的社会考量因素白皮书》。在第 31 次论坛会议上，他们探讨了气候变化及修复弹性的主题和研究，关于该主题的白皮书和案例研究也提上了日程。在此期间，美国可持续修复论坛和加拿大可持续修复论坛在修复的社会影响评价技术发展的研究上达成了合作，计划以一份修复利益相关方的发展规划书和案例研究的模板作为成果发布（Simon，2015）。

二、加拿大

加拿大可持续修复论坛在 Stella Karnis 主导下于 2011 年成立。Stella Karnis 曾是美国可持续修复论坛会员，因此加拿大可持续修复论坛与美国可持续修复论坛有着紧密的联系。对于可持续修复，两国有着类似的定义。加拿大可持续修复论坛所认为的可持续修复需要考虑修复的环境、社会和经济影响，以确保在保障人体健康和生态环境的同时，使修复的效益最大化（Holland et al.，2013）。加拿大可持续修复论坛的成员包括咨询公司、私营企业、联邦监管机构等单位人员，他们致力于从工程和管理角度提供可持续修复方案的咨询。论坛发布了一个关于如何将可持续修复与当地环境监管体系相结合的综述性文件。2012 年，他们设立了可持续修复网站，以英国可持续修复论坛为模板开始编写可持续修复的技术指导框架，并计划开拓可持续修复市场。2013 年，论坛在美洲会议上开设了可持续修复专题。他们参考国际标准化组织的有关文件和美国可持续修复论坛发布的文件，并针对绿色和可持续修复的案例，与不列颠哥伦比亚省环境部展开合作。加拿大可持续修复论坛试图成为当地的行业领头羊以扩大他们的影响力，还试图招募更多的学者，听取他们的意见和观点。2012～2013 年，他们主要工作有 3 个方面。①宣传和规划：通过信息共享渠道（网站和社交媒体）吸纳来自各单位的会员，开展会议、研讨会，与大学开展项目上的合作，获得政府和民间的支持。②完善技术措施和组织结构：以“非营利组织”“在加拿大的可持续修复出版机构”作为形式化的组织结构，开展国际性合作，如联合出版 ISO 标准文件等。③网站：发布会议演示文稿、会议议程、会议记录及其他方面的议程信息。

2014 年，加拿大可持续修复论坛开展了多方面的工作：继续推进《加拿大可持续修复》（*Sustainable Remediation in Canada*）的出版工作；继续吸纳更多的会员加入论坛；计划与美国可持续修复论坛合作进行案例研究；积极组织召开行业研讨会。他们探讨了最近出版的 ASTM 可持续修复标准在加拿大的适用情况，美国材料与试验协会的可持续修复标准旨在指导如何使用最佳管理措施（best management practice，BMP）达到可持续修复目的，然而并不是所有的最佳管理措施都适用于加拿大。因此，加拿大可持续修复论坛认为将来可能会编写针对ASTM 可持续修复标准的补充指南，以避免人们在使用美国材料与试验协会的标准时因为国情差别而产生误区。2015 年，加拿大可持续修复论坛集中精力应对由他们主办的 2016 年 SustRem 会议。同时，他们仍致力于与美国可持续修复论坛和当地监管机构保持联系与合作。随着预算被削减，有关监管机构的人员不再参加论坛的会议，但论坛仍为他们提供培训机会，希望他们可以通过培训充分理解可持续修复的理念和原则。除此之外，加拿大可持续修复论坛还举办了一个题为“可持续开发利用：借鉴来自美国的最佳实践案例研究”的网络研讨会。

三、美国的州际技术与管理委员会

美国的州际技术与管理委员会（Interstate Technology & Regulatory Council，ITRC）是一个公私合营组织，主要从事美国和加拿大地区的相关技术报告编制工作，其在欧洲所提倡的可持续修复和美国的绿色修复的基础上，定义了绿色可持续修复（green and sustainable remediation，GSR）：在权衡社会目标、经济影响和环境效益的前提下，在特定场地使用的，使最终受体环境风险减少的产品、工艺、技术和流程，是一种从现场勘察到项目清场，贯穿始终的以三方利益最大化为目标的场地修复理念（ITRC，2011a）。美国的州际技术与管理委员会为绿色可持续修复项目设置了一个大型工作组，负责与之相关的专业事务，该项目是目前启动了可持续修复相关项目的其他机构的重要资料来源，他们目前已为其他机构提供了两个重要的指导性文件《绿色可持续修复概述》和《绿色可持续修复指导框架》。这些指南里描述了当前绿色可持续修复的发展方向，为监管机构和其他环境修复从业人员提供了一个实施绿色可持续修复的清晰思路。美国的州际技术与管理委员会的绿色可持续修复工作团队还开发了一个基于互联网的培训项目，这个培训能够向有需要者提供丰富的指导内容，包括绿色可持续修复的概念背景、评估指标、评估工具、一个可量化变通的执行框架及其他资源。该团队希望可以更好地帮助组织机构实现绿色可持续修复对修复项目的评价（ITRC，2011b）。

第三节　绿色修复运动兴起中的国家和地区

相较于绿色修复运动发展较早的北美洲和欧洲，其他地区的诸多国家也在国际修复界的大趋势下开始了对绿色可持续修复的探索之旅。

一、澳大利亚和新西兰

澳大利亚-新西兰可持续修复联合论坛是在澳大利亚的土地和地下水协会专项组（Australasian Land and Groundwater Association，ALGA）的牵头下，由两国的修复工作从业者联合建立的，是一个集合了修复从业者、监管部门工作者、学者和咨询人员的论坛，致力于推动和发展受污染土壤和地下水项目的可持续修复实践。他们对可持续修复的定义为：一个通过使用权衡环境、社会和经济影响的修复解决方案，使修复的效益大于其带来的负面影响。

2009 年，澳大利亚可持续修复论坛在 AECOM 公司 Garry Smith 的主导下初具雏形。2012 年，澳大利亚可持续修复论坛将新西兰包括在内，正式更名为“澳大利亚-新西兰可持续修复联合论坛”，届时已有会员 300 余人。论坛与多个行业利益相关方合作，推进有关政策法规的完善与提高人们对其的接受度。同时，他们成立了工作组，致力于环境修复评价工具和体系、环境监管体系、城市规划及案例研究的建立、完善与研究。2013 年，论坛参加了 Clean Up 会议，并就会议热点——可持续修复与英国可持续修复论坛的成员展开了交流。之后，他们开始聚焦于澳大利亚与新西兰可持续修复技术框架和最佳管理措施指南的研究与编写。同年，论坛建立了一个包含案例研究和最佳实践文档的互联网信息平台。2014 年，澳大利亚-新西兰可持续修复联合论坛的运营机制发生了变化，论坛通过收取会费为会员提供互联网平台交流及修复咨询。论坛还加强了与大学在案例研究方面的合作，并组织了澳大利亚和新西兰各地的考察活动，以吸引更多的业内人士成为论坛会员。为了编写适用于当地的可持续发展原则指导文件，他们借鉴了许多其他可持续修复论坛的经验。澳大利亚-新西兰可持续修复联合论坛参加了 Battelle、SustRem、Ecoforum 等会议，还赞助了 SustRem 会议。2015 年，澳大利亚-新西兰可持续修复联合论坛主要有 5 方面的工作：①成立了可持续修复奖，颁给优秀的可持续修复项目；②为成立与发展国际可持续修复联合论坛作出努力；③国内事务：在行业杂志（*Revolve*）上发表文章，并与 Wasteminz 公司等专业性机构合作推进可持续修复发展；④举办了首都可持续修复研讨会（ALGA2015），会上与论坛会员、从业人员及监管机构人士分享了澳大利亚-新西兰可持续修复联合论坛开发的可持续修复相关工具和案例研究；⑤编写及发布了一个可持续修复的方法讨论报告，为可持续修复技术的选择提供思路。2016 年，论坛继续发展，现在会员已有 400～500 人。澳大利亚和新西兰的有关监管部门希望论坛能够协助制定可持续修复框架及技术指南，以增进修复从业者及社会对可持续修复的理解。为了加强对社会公众在可持续修复理念方面的教育，论坛制定了一个关于可持续修复的政策文件。到目前为止，论坛成果包括：正在不断完善的可持续修复框架、论坛运营机制的改革完善、基于网络的可持续修复工具、多次组织可持续修复会议等，并为目前正由环境污染评价与修复合作研究中心（Cooperative Research Center for Contamination Assessment and Remediation of the Environment，CRCCARE）开发的澳大利亚国家修复框架（national remediation framework，NRF）作出了贡献。

二、巴西

2015 年，巴西可持续修复论坛由 James Henderson 和 Lais Trento 联合创立。论坛计划发布关于可持续修复发展目标的白皮书，以及与白皮书相配套的框架和技术指南。巴西可持续修复论坛设有不同的分支机构，以便更好地借鉴和学习全球范围内的可持续修复技术与理念。他们认为，目前巴西和其他拉丁美洲国家在污染场地管理上远远落后于其他国家，因为巴西无论是在有关环境监管水平、从业人员素质上还是修复技术上都还有待提高。巴西受人口压力影响，许多地下水资源被污染，缺乏清洁的饮用水供应，企业在修复污染土壤和地下水时面临着巨大的社会公众压力，因此当地政府希望发达国家能够为他们提供修复的技术和经验。由于巴西本国没有足够的专家实力来编写可持续修复白皮书，巴西可持续修复论坛请求发达国家的可持续修复论坛协助他们共同完成这项任务。各国可持续修复论坛均同意向新的可持续修复论坛提供支持，但是具体实施的时间和方式尚不明了。虽然面对面的交流是最有效的沟通方式，但出于对成本效益及资源优化配置方面的考虑，大部分的技术支持工作可能会通过网络渠道来完成。巴西可持续修复论坛在 2015 年 6 月举办了研讨会，并与 NICOLE 的巴西分支机构合作，开始起草第一份基于欧洲工业污染土地联盟和共同论坛版本的可持续修复立场声明。该立场声明由欧洲工业污染土地联盟成员签署，包括修复行业的从业者和独立监管者，巴西官方监管部门并没有正式出席签署仪式。

三、哥伦比亚

哥伦比亚可持续修复论坛成立于 2014 年年底。为了编写哥伦比亚可持续修复技术指南等文件，他们收集和调研了各国可持续修复论坛的有关资料，希望能够结合国际成功的可持续修复经验。哥伦比亚可持续修复论坛收到来自国家安全委员会的邀请，出席了拉丁美洲规模最大的 HSE 代表大会。会上，他们向来自石油、矿业、建筑、农业等各个部门的参会者展示了世界各国可持续修复工作的开展情况。哥伦比亚可持续修复论坛得到了来自美国可持续修复论坛专家 Barbara Maco 和 William Wick 的支持，与美国可持续修复论坛展开了合作。另外，论坛受到了国家环境保护部的召集，希望他们参与编制污染场地管理条例，以推进国内的棕地修复工作。Alfonso Rodriguez 作为工作组的领导展开了为期 6 个月的文件编制工作，在分析总结国际污染场地治理的经验基础上，他们希望与采矿业、石油天然气等行业企业和有关部门合作，开展案例研究。2017 年，哥伦比亚可持续修复论坛计划组织以可持续修复为主题的国际会议，希望借此机会加深有关政府部门和修复从业者对可持续修复的了解和认识。

四、日本

2014 年，虽然日本可持续修复论坛尚未正式成立，但是绿色可持续修复及其理念已经引起了修复顾问、项目承包方等行业各方的关注。地质环境保护中心（Geo Environmental Protection Center，GEPC）专门成立了工作组，对绿色可持续修复展开调研。2015 年，Yasuhide Furukawa 成为了工作组的首席研究员，与东京都政府与国家先进工业科学和技术研究所（Advanced Industrial Science and Technology，AIST）共同开发了绿色修复的技术指南和评价工具软件。自此之后，工作组开始筹划日本可持续修复论坛的建立工作。2015 年 10 月，来自包括银行、房地产、业主、环境顾问、政府机构、科研单位、建设单位等在内的 12 个不同利益相关单位的 18 名代表就日本可持续修复论坛的建立展开了会晤。2016 年，论坛正式成立，Tetsuo Yasutaka 当选为论坛主席。2016 年 6 月，论坛举行了第一次研讨会，约有 50 人参加了会议。目前，论坛成员由 11 个企业工作者和 7 个个人组成。他们决定成立两个工作组，分别对绿色修复和可持续修复展开调研。今后，日本可持续修复论坛将会依附于日本最大的公共研究机构——国家先进工业科学和技术研究所，来自该所的 Yasutata 博士将出任日本可持续修复论坛的主席。

五、中国

我国在符合绿色可持续修复理念的修复技术研发方面有较多的进展。例如，许杰等（2007）使用昆虫指标体系对土壤污染进行评价，孙乐妮等（2010）使用微生物对农药污染土壤进行原位修复，谢景千等（2010）使用植物对污染土壤进行原位修复和耐性利用等。但是，我国在绿色及可持续修复理念的推广和应用方面比较落后，并且目前没有符合中国国情的绿色和可持续修复相关标准。2016 年 2 月 17 日，在顺应我国标准化改革趋势，落实《深化标准化工作改革方案》和《国家标准化体系建设发展规划（2016～2020 年）》中提出的“培育发展团体标准”“鼓励具备相应能力的社会组织协调相关市场主体共同制定满足市场和创新需要的标准”等改革措施，承接好环境保护部转移的环境保护产品技术要求类标准制修定工作职能的大背景下，中国环境保护产业协会启动了《污染场地绿色可持续修复通则》的标准制定工作。2016 年 3～4 月，中国环境保护产业协会根据 11 家单位的申请和专家评审，确定了由清华大学牵头，环境保护部环境规划院、中国环境科学研究院、北京建工环境修复股份有限公司、北京高能时代环境技术股份有限公司参与的标准制定工作组名单。该工作组的名单于 2016 年 5 月 24 日进行公示，之后标准的编制工作开始正式启动。目前《污染场地绿色可持续修复通则》的编制工作正在进行当中。

目前，国内多家单位，包括清华大学、环境保护部环境规划院、中国环境科学研究院、南方科技大学等，都在绿色可持续修复方面持续地进行研究。其中清华大学的侯德义博士于 2014 年在 *Environmental Science and Policy* 上发表的“Sustainability：a new imperative in contaminated land remediation”一文在谷歌学术搜索上已经被引用 46 次，于 2014 年在 *Journal of Cleaner Production* 上发表的“Factor analysis and structural equation modelling of sustainable behavior in contaminated land remediation”一文在谷歌学术搜索上已经被引用 26 次，二者都属于可持续修复领域的高引用文章。环境保护部环境规划院的张红振博士也在绿色可持续修复领域进行了较多的研究，并积极推动中国可持续修复论坛的建立。中国科学院南京土壤研究所陈梦舫研究员希望建立中国可持续修复论坛，并且一直参与各国可持续修复论坛的联合会议。南方科技大学联合国内多家单位，与英国的多所高校、研究机构等联合开展中英污染场地修复的研究与应用，并大力推动绿色可持续手段在污染场地修复中的应用。2017 年 6 月，由中国环境保护产业协会主办，北京高能时代环境技术股份有限公司承办的“中国可持续环境修复大会”在北京召开。在该会议上，一批修复从业单位签署了推动绿色可持续修复的倡议书。来自国家和地方相关部门的管理人员、国际一流学术机构的专家学者，以及来自国内修复领域知名院所和领军企业的行业精英对绿色可持续修复相关话题进行了热烈的探讨。随着修复行业在国内的发展，预计绿色可持续修复相关的科学研究及应用会持续增长。

台湾地区的可持续修复论坛在台湾省环保局和高雄师范大学的 Colin S. Chen 推动下于 2012 年成立。他们认为，任何考虑了环境、经济和社会三方面影响因素的技术、方案或管理都可称为可持续的，可持续修复在满足修复要求的同时，可以减少环境足迹和从场地调查、方案设计、修复实施到修复后的监测管理的整个修复过程带来的社会、经济负面影响。

2013 年，台湾可持续修复论坛开始开发用于修复项目敏感性评价的工具，并召开了一次针对东南亚政府官员学习可持续修复培训会议。2014 年，台湾省环保局发布了关于绿色可持续修复（GSR）的政策，台湾可持续修复论坛与环保局合作，将此政策付诸实践。2015 年，Erica Chaing 认为台湾绿色可持续修复实施的阻力主要来源于需要额外的劳动力投入。为了推动绿色可持续修复，台湾省环保局在下级环保局的工作绩效体系中添加了可持续修复评分指标，用于考核可持续修复项目的完成情况。论坛通过组织会议，试图吸引更多社会各界人士成为会员，他们的目标对象包括来自石油和钢铁企业、咨询公司、学术机构的人员，希望以此使论坛的工作更加深入，扩大论坛影响力。现阶段，台湾可持续修复论坛继续致力于应用环境足迹和生命周期评价软件对修复项目案例进行研究，并针对修复项目提出最佳管理措施意见。

第四节　全球化的可持续修复发展

除了各国的可持续修复论坛及地方性组织外，一些国际性组织机构也在积极推动可持续修复运动的兴起。这些组织在标准制定、经验交流、案例研究等方面作出了突出的贡献，是可持续修复运动发展过程中不可或缺的一部分。

一、国际污染土地委员会

国际污染土地委员会（International Committee on Contaminated Land，ICCL）成立于 1993 年，由权威的监管机构、技术咨询机构、政策制定机构人员组成，一直与共同论坛保持着紧密联系。目前，国际污染土地委员会主要工作任务包括：①为会员间分享国际修复项目经验提供渠道；②建立国际污染场地修复政策、技术与管理理念的交流平台；③与现有的国际修复网络展开合作，推进污染场地修复工作。

2013 年在南非德班和 2015 年在澳大利亚墨尔本召开的国际污染土地委员会会议上，“绿色可持续修复”是会议的一个重点议题。

二、国际标准化组织

国际标准化组织（International Organization for Standardization，ISO）成立于 1947 年，前身为国际标准化协会国际联合会（ISA）和联合国标准协调委员会（UNSCC），现由来自 163 个国家的标准编制专家组成，是世界上最大的国际性非政府标准化组织，已经出版了 21 000 多个国际标准文件。2012 年，由 Paul Nathaniel 领导的工作组开始筹备编写《土壤质量——可持续修复指南》（*Soil Quality-Guidance on Sustainable Remediation*），该指南为修复的可持续性评价和修复方案的选择提供了思路，旨在指导可持续修复的实施。该指南的草案于 2015 年发布，经过征求意见阶段，目前已经正式发布。

三、国际可持续修复联盟

2016 年，国际可持续修复联盟（International Sustainable Remediation Alliance，ISRA）在各国可持续修复论坛的支持下成立。为了促进联盟发展，欧洲工业污染土地联盟等除可持续修复论坛外的非政府组织也被邀请加入。2016～2017 年，澳大利亚-新西兰可持续修复论坛将作为国际可持续修复联盟的牵头机构，负责筹划具有国际通用性的可持续修复相关技术指导文件的编写，以推动可持续修复在全球范围内更大程度的普及。

四、美国材料与试验协会

美国材料与试验协会（American Society for Testing and Materials，ASTM）的前身为 1898 年成立的国际材料试验协会（International Association for Testing Materials，IATM），于 2001 年正式更名为美国材料与试验协会。到目前为止，已有超过 12 000 个由美国材料与试验协会编制的各行各业的标准在全球范围内被使用。美国材料与试验协会协助美国环保局在 1980 年发布的《综合环境反应、赔偿和责任法》（俗称“超级基金法”）的基础上进行了一系列的尝试，探索了场地环境调查和评估的多种方法，设立了对场地进行环境调查、风险评估和修复的技术标准和指南，为判别污染责任设置了可执行的标准。2013 年，美国材料与试验协会发布了以最佳管理措施为核心的系列绿色与可持续修复标准文件，并于 2016 年完成了修订。

参 考 文 献

孙乐妮, 张艳峰, 陈兆进, 等. 2010. 铜耐性植物内生和根际细菌的生物多样性及其强化植物富集铜的研究. 第十三次全国环境微生物学术研讨会.

谢景千, 雷梅, 陈同斌, 等. 2010. 微砂+磁沉降快速除污工艺试验研究. 环境科学学报, 30(1): 165-171.

许杰, 柯欣, 宋静, 等. 2007. 弹尾目昆虫在土壤重金属污染生态风险评估中的应用. 土壤学报, 44(3): 544-549.

ASTM. 2013. Standard guide for greener cleanups. USA, American Society for Testing and Materials.

ASTM. 2017. Detailed overview. https: //www.astm.org/ABOUT/full_overview.html[2017-8-2].

Bardos P, Bone B, Boyle R, et al. 2011. Applying sustainable development principles to contaminated land management using the SuRF-UK framework. Remediation Journal, 21(2): 77-100.

Bare J, Gloria T, Norris G. 2006. Development of the method and U. S. normalization database for life cycle impact assessment and sustainability metrics. Environ Sci Technol, 40(16): 5108-5115.

CLARINET. 2002a. An analysis of national and EU RTD programmes related to sustainable land and groundwater management. CLARINET.

CLARINET. 2002b. Sustainable management of contaminated land: an overview. CLARINET.

CLU-IN. 2014. Green remediation focus.

Ellis D E, Hadley P W. 2009. Sustainable remediation white paper-integrating sustainable principles, practices, and metrics into remediation projects. Remediation Journal, 19(3): 5-114.

Holland K, Karnis S, Kasner D A, et al. 2013. Integrating remediation and reuse to achieve whole-system sustainability benefits. Remediation Journal, 23(2): 5-17.

Holland K S. 2011. A framework for sustainable remediation. Environ Sci Technol, 45(17): 7116-7117.

ITRC. 2011a. Green and sustainable remediation: a practical framework. Washington DC: IRTC.

ITRC. 2011b. Green and sustainable remediation: state of the science and practice. Washington DC: ITRC.

Maurer O. 2009. NICOLE's shared vision on sustainable remediation. Copenhagen: Green Remediation Conference.

NICOLE. 2002. Need for sustainable land management: role of a risk assessment based approach. Utrecht: NICOLE.

NICOLE. 2008. Report of the NICOLE/SAGTA Workshop: sustainable remediation. Utrecht: NICOLE.

NICOLE, COMMON FORUM. 2013. Common forum and NICOLE common position on risk-informed and sustainable remediation. Utrecht: NICOLE.

Simon J A. 2015. Editor's perspective—the effects of climate change adaptation planning on remediation programs. Remediation Journal, 25: 1-7.

SuRF-UK. 2009. A review of published sustainability indicator sets: how applicable are they to contaminated land remediation indicator-set development? London: CLAIRE.

SuRF-UK. 2010. A framework for assessing the sustainability of soil and groundwater remediation. London: CLAIRE.

USGBC. 2011. LEED 2009 for New construction and major renovations (updated November 2011). Washington DC: USGBC.

第三章　基于经济输入-输出的可持续性评价方法

可持续性评价是实施绿色可持续修复的一项主要挑战（Ellis and Hadley，2009），其目的是收集和分析项目信息，以使决策者（如政府有关部门、场地业主）用全盘的眼光来考量复杂的系统，将短期、局限性的考虑转变为长远、全面的考虑。目前，从业者和研究者已经提出了许多可持续性评价的方法（Ness et al.，2007；Pope et al.，2004），其中生命周期评价是污染场地修复运用最多的评价方法，生命周期评价的边界通常不仅涵盖了场地修复行为本身，还涵盖了修复生命周期范围内包括上游和下游的所有过程（如原材料的获得到废弃物的处置）。但美中不足的是，它并未考虑社会和经济影响的因素。

本章介绍了一种新的混合生命周期评价方法，将输入-输出的方法（input-output based method）与传统生命周期评价相结合，形成了基于经济输入-输出的可持续性评价方法。与大多数在文献中提到的生命周期评价研究相比较，这种方法能够更好地将修复的社会和经济影响与环境影响相结合。

第一节　背 景 介 绍

过去，人们对污染场地进行修复往往出于污染物本身带来的环境和健康风险的考虑，即一次影响。而绿色可持续修复还需要考虑修复本身对环境、社会和经济方面的影响，即二次影响。同时，修复的影响不仅限于项目的系统边界和生命周期范围内，还有可观的跨时间、跨地域的影响，多表现为修复后场地再开发带来的影响，即三次影响。现在，这种影响引起了人们的关注和探讨。通过可持续性评价，全面评价修复各个层面的影响，指导修复决策是绿色可持续修复的重要内容。目前，越来越多的研究者和修复从业者将生命周期评价用于可持续性评价的实践中，从而更全面地考虑修复带来的影响。

目前，生命周期评价已经被广泛用于土壤和地下水修复的研究中（Hou and Al-Tabbaa，2014；Lemming et al.，2010a；Morais and Delerue-Matos，2010；Owsianiak et al.，2013）。这些研究主要采用了基于过程的生命周期评价（process-based LCA）方法，这种方法忽略了修复的更加高阶的上游过程，导致截断误差的产生（Lenzen，2000）。例如，在修复的生命周期评价中，修复设备的上游影响往往被忽略，但在一个完整的系统边界中，修复设备的上游影响应该基于使用折旧而被包含在内。

研究表明，在基于过程的生命周期评价中，一个良好的研究过程仍然会产生严重的截断误差，该误差在大多数影响类型中达到了 20%，而在个别影响类型中更是高达 80%（Mattila et al.，2010；Suh et al.，2004）。此外，目前大部分生命周期评价的研究集中在环境影响的评价方面，缺乏对社会和经济影响的定量评价。另一个经常被忽略的因素是修复的三次影响。虽然有研究表明场地修复的三次影响远大于其他种类的影响（Lesage et al.，2007a），但目前对其的研究极其缺少。有研究者认为三次影响的缺失是现有的污染场地生命周期评价中的一个缺陷（Morais and Delerue-Matos，2010）。

本章旨在向大家介绍一种混合生命周期评价方法，该方法在使用传统生命周期评价方法的同时基于项目运行的数据和经济上的输入-输出数据。研究目的在于：①在场地修复生命周期评价中，提供一种结合社会和经济影响的方法；②确定截断误差的影响，提供一种改进后的生命周期评价方法；③确定三次影响的数量级及其对总可持续性的影响。

与传统生命周期评价相比，该方法主要有以下特点：①扩大了评价的系统范围，减少了截断误差；②评价了修复的间接影响（如三次影响）；③与大多数生命周期评价只考虑环境影响不同，该模型也考虑了社会和经济影响。

混合生命周期评价方法所选取的案例数据来源于英国 123 个区域的经济输入-输出分析表和环境数据记录报告，其他方面的社会和经济数据（如就职、职业健康和安全数据等）也被纳入了模型中，以更加全面和量化地评价社会和经济影响，为项目的权衡与决策提供更好的支撑。然而，基于经济输入-输出的混合生命周期评价方法很少被用在修复过程的估算中，可能原因如下：①原有的基于场地修复的生命周期评价模型是完全基于过程的；②经济输入-输出混合生命周期评价模型刚开始发展，最初更多的是用在产品系统上而不是服务系统上。

纵然河流底泥修复是一个重要的课题，但其获得的关注度仍然很低（Mulligan et al.，2010）。而且仅有少量的研究开始着手利用生命周期来研究不同的河流底泥修复手段对整体环境的影响，从而达到选择更加可持续方法的目的（Sparrevik et al.，2012，2011）。本章通过伦敦奥林匹克公园底泥修复的案例，探究利用经济输入-输出混合模型来评价不同修复行为影响的可行性。

第二节　基于经济输入-输出的评价方法

根据 ISO 14040 的标准定义，一个完整的生命周期评价方法包含 4 个步骤：①目标、范围的确定；②生命周期清单分析（life cycle inventory，LCI）；③生命周期影响评价（life cycle impact assessment，LCIA）；④生命周期解释（life cycle interpretation）（ISO，2006）。基于经济输入-输出的评价方法是一种混合生命周期评价方法，相较于传统的生命周期评价流程，基于经济输入-输出的评价方法在生命周期评价的主要步骤上进行了优化，使其能够更加满足污染场地评价的需求。

一、目标、范围和功能单元

如前文所介绍，传统的基于过程的生命周期评价的模型会产生截断误差，并且低估产品和服务产生的总体影响（Mattila et al.，2010；Wiedmann et al.，2011），而基于经济输入-输出的生命周期评价能够充分利用输入-输出方法和生命周期评价两者的优势，通过数据的再分配有效减少这些方面的误差（Finnveden et al.，2009；Mattila et al.，2010；Treloar et al.，2001；Wiedmann et al.，2011）。修复从业者可以通过混合生命周期评价模型，将不同层次的项目过程数据进行整合，纳入可持续性评价中去。该模型评价范围包含了三次影响及社会和经济影响，使得可持续性评价的三个维度——空间、时间和影响类别得到了拓展（图 3-1）。

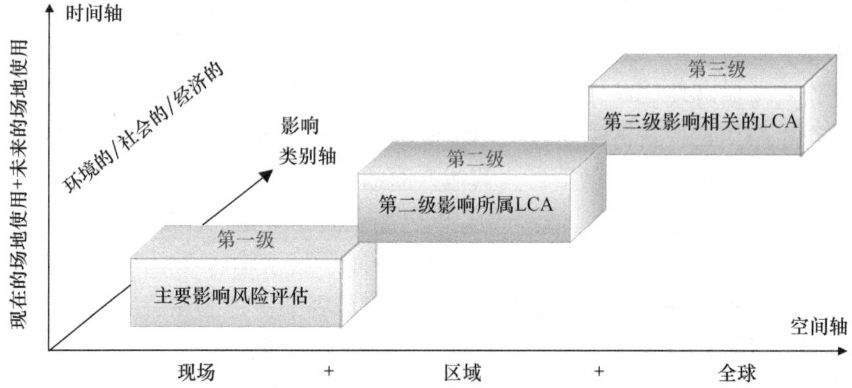

图 3-1 混合生命周期评价模型

混合生命周期评价模型的功能单元是污染场地修复目标的达成，对于伦敦奥林匹克公园底泥修复这个研究案例来说，在对不同的场地规划方案进行评价时，该模型的功能单元涵盖了对位于伦敦奥林匹克公园附近约 2500 m 长的河流的管理，时间尺度长达 100 年。当评价不同的修复方案时，功能单元是疏浚和处置约 30 000 m^3 的河流底泥，使其达到修复目标。

二、基于经济输入-输出的混合生命周期模型清单分析

基于经济输入-输出的模型被广泛地应用在了许多惠民项目的环境影响评价中（Batey et al.，1993；Treloar et al.，2001）。基于经济输入-输出的混合生命周期模型的优势是能够整合供应链上所有的环境、经济、社会影响，全面地评价项目

可持续性（Mihelcic et al.，2003）。目前，有关研究开发了包含英国 123 个地区的经济输入-输出分析表格的混合生命周期评价模型（ONS，2011b，2012a）。该模型结合了区域的能源消耗、环境排放（ONS，2012b）和其他社会、经济方面的因素，如就业情况（ONS，2012a）和工伤事故信息等（HSE，2013）。为了将不同的数据来源整合到经济输入-输出模型中，通过产品的进口、利润和税收的数据，对不同行业分类的各项经济指标进行了调整和再分配。该模型使用了一个假想行业来描述修复项目的可持续性评价所需要的数据要求，该假想行业与修复行业具有相同的数据输入基准，同时针对项目成本方面的经济参数进行了微调。该混合生命周期模型基于 Joshi（1999）建立的环境生命周期输入-输出第二类模型，对环境负荷等模型参数进行了细化。环境生命周期输入-输出第二类模型建立于 20 世纪末期，最初用于产品系统的分析中，之后也应用到了建设项目的生命周期影响分析中（Sharrard et al.，2008）。

Joshi（1999）开发的环境生命周期输入-输出第二类模型成功避免了各类影响的重复计算，但由于基于经济输入-输出的方法通常缺少系统末端的数据来源，因此该模型并没有包含整个系统的生命周期。所以，应用这个模型时需要加入对系统末端影响的分析（Suh et al.，2004）。对于修复行业而言，所有的假设都基于修复活动而定，在进行经济输入-输出分析时必须考虑项目的生命周期成本。通常情况下，生命周期成本分析需要对项目未来的成本和收益进行折算，即考虑资金的时间价值。本章所介绍的案例研究中，由于项目并没有后续的费用产生，因此没有考虑成本收益的折算问题。

本案例模型清单数据的获取参照的标准是 ISO 14040（ISO，2006）。系统边界包含了从原材料的获取、运输，到污染场地修复的实施，再到过程中产生的废弃物的异地处理的全过程，即“从摇篮到坟墓”。该案例根据当地情况，使用了下列假设：根据伦敦奥运会交付管理局（Olympic Delivery Authority，ODA）提供的信息，工人日均交通距离为 24 km，并且 85%的工人采用公共交通方式出行。修复期间，场地的人流量可以通过参阅奥运会交付管理局的项目文件得到。而环境过程数据，如材料生产、运输的排放数据可以通过生命周期评价数据库直接获取（Frischknecht and Jungbluth，2007）。传统的基于过程的生命周期评价方法无法涵盖设备租赁和维护保养、技术咨询、项目管理等过程，对于此类过程可以采用货币化输入或者混合生命周期模型的方法。

通过以项目的生命周期成本作为系统边界，使得该模型在环境、社会、经济方面的系统边界具有一致性，从而能够减少截断误差。模型的费用假设和经济输入参数在案例分析中将会具体提及。对于该项目而言，其间接影响（三次影响）主要来自于河道的运输功能。根据官方信息（BL，2013），修复后河道的运输能力能够达到 350 万 t。

三、影响评价

环境的生命周期影响可以通过 ReCiPe 的方法进行评价（Goedkoop et al.，2013）。ReCiPe 包含 3 个主要的影响方面：生态系统、人体健康和资源消耗。生态系统方面的影响包括：气候变化、土地的占用与转化、土壤酸化、生态毒性、海洋生物毒性、水体富营养化。人体健康方面的影响包括：气候变化、人体毒性、臭氧消耗、大气颗粒物、光化学氧化物、电离辐射。资源消耗方面的影响包括：化石燃料消耗、金属消耗、水资源消耗。ReCiPe 方法利用 USES-LCA 模型来模拟多种污染物在介质中的迁移、暴露和影响（van Zelm et al.，2009）。ReCiPe 分为中点指标和端点指标两种方法。中点指标法是对上述三大类影响的每一个子分类进行量化对比，而端点指标法则通过将每个子分类的影响归一化，生成一个具有统一单位的影响结果。本案例研究采用了 ReCiPe 的端点指标法。该方法的优点是能整合 ReCiPe 模型的 3 个主要影响因素，从而得到单一的最终影响值，便于分析比较，缺点是相比于中点指标法具有更大的不确定性（Hauschild，2005）。在实际应用中，利用中点指标法能更加细致、具体地分析各种修复方案带来的各类环境影响，但显然端点指标法更加简单直接，便于作为决策依据。

在社会和经济影响方面，需要考量 7 个方面的指标：生命周期成本、就业影响、资产增值（incremental property value，IPV）、员工薪资、工伤情况、意外事故（由于修复工程导致的工人意外致死情况）、当地交通影响。这些指标的选择依据以下标准：①对于该修复项目的适用性；②可量化评价；③涵盖了当地社会和经济方面的热点。

表 3-1 列出了用于计算环境一次影响的各类参数，社会和经济的可持续性指标在本章第三节中将详细阐述。

表 3-1 用来估算一次影响的参数

参数	值	来源
沉降速度/（m/年）	90	Ruiz et al.，2001
埋藏速度/（m/年）	0.0005	Ruiz et al.，2001
底泥再悬浮速度/（m/年）	0.0055	Ruiz et al.，2001
生态土壤深度/cm	20	Goedkoop et al.，2013
混合层深度/cm	3	项目文件
通过土壤淋洗去除的污染物百分比/%	90	CLAIRE，2007
桶容积/m^3	2	项目文件
循环时间/s	60	Hayes and Je，2000
粒径小于 74 μm 的粒径比例/%	22	项目文件

为了方便进行生命周期解释，所有方面的影响均被归一化为人均影响（person equivalent，PE）：在 ReCiPe 模型中，所有类型的环境影响均通过欧洲人均影响数据加以归一化（Sleeswijk et al.，2008）；生命周期成本通过 2007 年英国的单位资金产生的 GDP 加以归一化（ONS，2010a）；场地及周边资产增值通过 2007 年伦敦纽汉区的中间房价加以归一化（DCLG，2013）；员工薪资通过 2007 年伦敦纽汉区家庭平均收入加以归一化（ONS，2010a）；工伤和意外事故通过 2009～2010 年的总伤亡数与总人口数之比加以归一化（HSE，2013）；对交通的影响通过进出利亚山谷地区的年均交通总量与该地区的总人口数之比加以归一化（ODA，2007a）。所有这些归一化因子如表 3-2 所示。

表 3-2　归一化因子

影响方面	归一化值	描述及参考文献
环境影响：		
生态系统/（species·yr[b] /p/yr[a]）	1.81E–04	欧洲 ReCiPe 归一化值（Goedkoop et al.，2013）
人体健康/（DALY[c]/p/yr）	2.02E–02	欧洲 ReCiPe 归一化值（Goedkoop et al.，2013）
资源/（$/p/yr）	3.08E+02	欧洲 ReCiPe 归一化值（Goedkoop et al.，2013）
社会影响：		
工人死亡/事故概率	1.7E–06	人均职业死亡人数（HSE，2013）
工人受伤/事故概率	2.0E–03	人均职业受伤数（HSE，2013）
当地交通/交通率	753	由于修复造成的该地区交通量的增加（ODA，2007a）
经济影响：		
生命周期成本/£	22 942	2007 年人均 GDP（ONS，2010a）
场地及周边资产增值/£	94 467	伦敦纽汉区 2007 年的平均住房价格除以伦敦平均住房面积（DCLG，2013）
工人薪资/£	14 255	2007 年人均收入（ONS，2010a）

a. p/yr=每人每年
b. species·yr=一年内物种消失的数量
c. DALY=伤残调整寿命年

第三节　社会和经济可持续性指标

一、社会和经济影响评价

为了量化污染场地修复的社会和经济影响，需要通过对特定的社会和经济可持续性指标进行评价。恰当的社会和经济可持续性指标能够全面地考虑潜在社会和经济影响。例如，场地及其周边资产增值除了反映直接的经济效益外，还可以反映当地景观的改善（Luttik，2000）；当地交通情况这项指标，可以间接反映区域空气质量、交通拥挤程度及噪声等情况（Petruzzi，2011）。在该案例中，社会和经济指标的选择参考了有关的研究文献和技术导则，如 SuRF-UK 的可持续修复框架体系所推荐的可持续性指标（SuRF-UK，2009），以及出于定量评价的考虑。换言之，这些指标对于该案例具有较强的适用性和代表性，并且能够通过现有的数据实现定量分析。

图 3-2 反映了 7 项社会和经济影响指标对生命周期影响评价的影响值。需要指出的是，一些重要的社会和经济影响指标没有纳入该案例分析中，如利益相关方比较关心的公平性、公众参与及满意度等。这些指标属于定性指标，出于量化评价的目的，这些指标不在考虑范围之内。

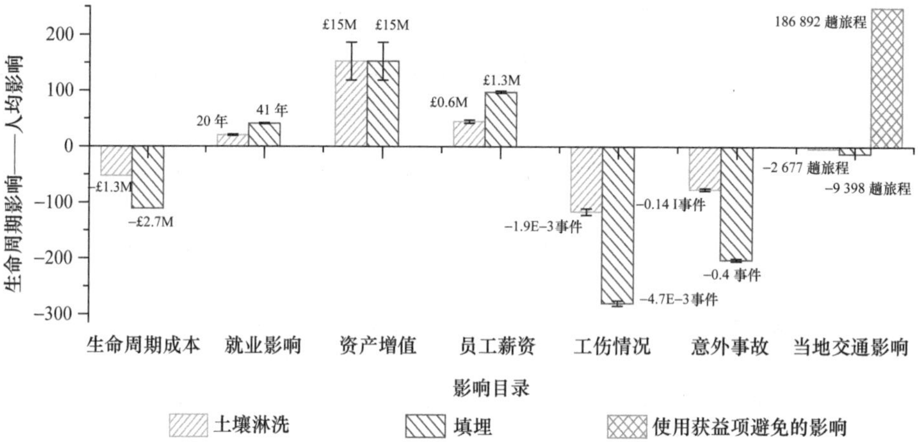

图 3-2　生命周期的社会和经济影响

当纵坐标值为负时表示负面影响，当纵坐标值为正时表示有利影响

为了能够直接比较不同类型的影响，社会和经济影响评价结果通过人均影响加以归一化。如图 3-2 所示，土壤淋洗和填埋均能使场地及周边资产增值 1500 万美元，产生了巨大的经济效益，而在其他各项指标的影响值上，淋洗大约为填埋的一半。无论采取哪项方案，修复对于当地交通的影响看似很高（几千次交通运输），但由于当地较高的交通流量基数，交通影响折算成人均影响后并不显著。然而，修复后的河道可以使水运代替陆运，减少运输压力的效果十分明显。总体而言，社会和经济的影响评价结果表明，成本较高的修复方案（填埋），会产生更多的就业岗位，也会导致更大的施工安全风险及交通影响。这两种修复方案所带来的经济效益及交通压力的缓解是相同的，而这种正面效益远远超过修复本身所造成的负面影响。

通常，社会方面的可持续性具有主观性，并且难以用一些“硬性”的指标加以衡量，如财政花费、污染程度等（NICOLE，2008）。该案例研究利用定量的指标来评价社会和经济影响，使得评价更加客观，同时解决了社会生命周期评价的关键问题，即在不同的标准中保持一致性（UNEP/SETAC，2009）。此外，将不同类型影响进行归一化可以实现不同方案直接、简洁的对比。

二、社会和经济影响指标解释

用于计算社会和经济影响的参数如表 3-3 所示，针对每项社会和经济指标的解释如下。

表 3-3　社会和经济影响评价相关参数

参数指标	价值	来源
就业系数	行业特定	ONS，2010a
工人工资系数	行业特定	ONS，2012b
工作死亡系数	行业特定	HSE，2013
工伤系数	行业特定	HSE，2013
住宅物业中好水景的价格溢价	18%	PBA & LDA，2011
由于水路改善的价格增加-有水景的住宅物业	10%	Pretty et al.，2003
商业地产中好水景的价格溢价	0	Wood and Handley，1999
由于水路改善的价格增加-有水景的商业地产	0	
靠近水道的价格溢价	5%	O'Gorman et al.，2009
由于水质改善，所有与水道接近（<600 m）的物业的价格增加	4.5%	USEPA，1973
2007 年伦敦纽汉区的房价中位数	£230 500	DCLG，2013
水景住宅数量	253	LBN，2011
没有水景，但靠近水路的住宅数量	1 251	LBN，2011
额外的水道改善项目的分配因素	73%	项目文件

（一）生命周期成本

根据项目有关文件可以得知项目的生命周期成本。生命周期成本通过 2007 年英国单位资金产生的国内生产总值加以归一化（ONS，2010b）。

（二）就业影响

在该案例中，就业数据通过英国商业登记就业调查（business register employment survey，BRES）获取，并结合了 2007 年的英国标准行业分类（standard industrial classification，SIC）的行业数据。由于英国商业登记就业调查始于 2008 年，2008 年之前的就业数据则通过年度商业调查（annual business inquiry，ABI）获取，并结合 2003 年的英国标准行业分类数据。

（三）资产增值

为了计算河道改善对周边资产价值提升的影响，需要考虑区域内资产的数量、类型、基准价格及修复对地产价格的影响。这些数据主要来源于相关规划文件和研究报告。资产增值通过 2007 年伦敦纽汉区的中间房价加以归一化（DCLG，2013）。

（四）员工薪资

员工薪资可以通过经济输入-输出模型及供给和使用表中的工人补偿数据来进行预估。员工薪资通过 2007 年家庭平均收入加以归一化（ONS，2010b）。

（五）工伤情况和意外事故

施工安全是目前公认的重要社会可持续性指标，在很多可持续修复技术导则中都强调对于施工安全的保障（AFCEE，2010；NAVFAC，2011）。施工安全影响因素包括与工作相关的死亡率及工伤事故率等相关指标。一些修复从业者认为，在进行可持续性评价时将施工安全作为评价标准不是所有情况都适用，因为修复工作人员需要严格按照相关的安全规章制度进行施工操作，在此前提下承担可接受的自愿风险，而将自愿风险与非自愿风险进行比较并不科学（ITRC，2011）。该案例并非以回顾的方式评价施工安全，而是通过计算比较不同修复方案安全事故发生的概率。施工安全的量化数据来源于健康与安全执行机构（HSE，2013）提供的工商和意外事故数据。工伤和意外事故概率通过英国在 2009～2010 年因工作引起的总伤亡数与总人口数之比加以归一化（HSE，2013）。

（六）当地交通影响

该案例中对当地交通的影响通过进出利亚山谷地区的年均交通总量与该地区的总人口数之比加以归一化（ODA，2007b）。

第四节　案 例 分 析

一、案例背景

该案例是伦敦奥林匹克公园开发项目的一个分支。伦敦奥林匹克公园项目是英国历史上最大的棕地再开发项目之一，为了贯彻可持续发展的理念，该项目进行了一系列的尝试，包括利河河道的再利用工程（Epstein et al.，2011）。位于伦敦奥林匹克公园附近的利河是泰晤士河的一个主要支流，其水质由于城市和港口的排污、农业和水产养殖业、污水处理厂排放和其他一些工业活动而日益恶化（Copp and Roche，2003；Snook and Whitehead，1999）。早在 20 世纪中期，人们便开始提议对利河进行改造，使其能承受 2 m 水深 350 t 的荷载，满足货物运输的要求。河道的开发利用能显著减小陆运的压力，为了使河道满足吃水深度的要求，需要对河床进行疏浚。

调查结果表明，几乎所有的河流底泥都受到了不同浓度石油烃的污染，在 38 个河流底泥样品中有 6 个含有润滑剂有机污染物（LRO），其浓度高达 1990 mg/kg，同时多环芳烃类（PAHs）污染物浓度高达 72.5 mg/kg，超过了危险废物的规定标准。对污染底泥修复能改善利河的生态环境，但首先需要制定合理的修复标准以达到风险管控的目的。然而，英国还没有关于底泥的环境质量标准，因此修复标准参考了以保护水生生物为目标的《加拿大底泥质量管理条例》（Canadian Sediment Quality Guidelines，CSQG），诸如此类的加拿大标准也经常被英国的环保机构采用（EA，2008；PLA，2013）。《加拿大底泥质量管理条例》对底泥质量等级进行了划分，包括可能引起偶发负面影响的较低污染浓度标准 ISQG（interim sediment quality guideline）和引起不同程度负面影响的较高污染浓度标准 PEL（probable effect level）。利河底泥取样结果（表 3-4，表 3-5）显示，许多污染物的浓度超过了《加拿大底泥质量管理条例》中的污染限定，如铅、汞和多环芳烃，这表明污染底泥对生态环境的负面影响较大。另外，由于其含有较高浓度的有机润滑剂，相当部分的污染底泥被归为了危险废物，图 3-3 显示了这类危险废物的分布情况。

表 3-4　底泥中的无机污染物浓度

分析指标	最大浓度	平均浓度	ISQG	PEL
SO_4^{2-}/（mg/kg）	4380	1011		
砷/（mg/kg）	***221.5***	**11.9**	5.9	17
硼/（mg/kg）	5.5	1.0		
钙/（mg/kg）	***5.6***	**0.8**	0.6	3.5
铬/（mg/kg）	**84.7**	22.3	37.3	90
铜/（mg/kg）	***346***	**57.2**	35.7	197
铅/（mg/kg）	***1883***	***176***	35	91.3
汞/（mg/kg）	***57***	***2.0***	0.17	0.486
镍/（mg/kg）	243	28.0		
硒/（mg/kg）	4.4	0.6		
矾/（mg/kg）	64.7	20.3		
锌/（mg/kg）	***1747***	**219**	123	315
pH/（mg/kg）	10.6	7.9		
总氰化物/（mg/kg）	4.7	0.2		

注：超过 ISQG 标准的浓度已经被着重显示，超过 PEL 标准的浓度用斜体表示

表 3-5 底泥中的有机污染物的浓度

分析指标	最大浓度	平均浓度	ISQG	PEL
热灼减率/%	23.1	4.4		
苯酚含量/（mg/kg）	31.9	1.6		
总石油烃类/（mg/kg）	25 000	1 217		
汽油类 C5～C10/（mg/kg）	1 000	35.2		
柴油类>C10～C25/（mg/kg）	10 000	443		
LRO>C25～C40/（mg/kg）	1 990	291		
多环芳烃 16/（mg/kg）	*158.1*	*7.0*	0.111*	2.355*
多环芳烃 8/（mg/kg）	*72.5*	*4.8*	0.111*	2.355*
多氯联苯/（μg/kg）	**82.4**	9.3	34.1	277

注：超过 ISQG 标准的浓度已经被着重显示，超过 PEL 标准的浓度用斜体表示。“*”表示对于多环芳烃没有对应的 ISQG 或者 PEL 标准；表中给出的 ISQG 和 PEL 标准代表了对于所有列在 CSQG 里的多环芳烃的最高 ISQG 和 PEL 标准

河道底泥的治理往往采用疏浚的方式，而疏浚后的底泥处置是关键性问题。这项工程需要疏浚超过 2500 m 长的河道，在此过程中大约会产生 30 000 m^3 的疏浚副产物，其中包括将近 2700 m^3 的危险废物。考虑到河流底泥中含有相当浓度的重金属，原位修复和生物修复并不适合作为该项目底泥的修复方案。通过实验室小试和中试，确定淋洗和填埋是可行的两种底泥处置方式。该项目于 2006 年开始规划，最终决定采用淋洗技术处理底泥，于 2008 年开始实施，为期一年。伦敦奥林匹克公园项目是英国到目前为止规模最大的土壤淋洗案例（Atkins，2013）。

研究表明，土壤淋洗技术在处理混合污染土壤时具有较好的前景（Elgh-Dalgren et al.，2009；Frutos et al.，2012；Hernández-Espriú et al.，2013；Kim et al.，2013；Peng et al.，2011；Sun et al.，2013；Zou et al.，2009）。在土壤淋洗过程中，污染程度较轻的粗颗粒被筛分出来，直接通过物理过程洗净后回用，污染程度较重的细颗粒则需要进一步的处理。与更加常用的挖掘填埋方式相比，土壤淋洗具有以下优势：①减少了填埋对土地的占用；②减少并去除了毒性污染物；③使污染土壤/底泥可以再利用。

然而，土壤淋洗技术在美国并没有大规模地使用。1982～2008 年，美国超级基金项目中采用土壤淋洗技术的比例仅占异位修复技术的 1%，相比于固化稳定化（34%）、热脱附（12%）和生物修复（11%）等其他技术，淋洗技术并不常用（USEPA，2010）。在英国，由于征收土地填埋税制度的施行，土壤淋洗技术在当地修复市场的份额将会变得更大（CLAIRE，2007）。

一些研究者已经开始关注土壤淋洗和挖掘填埋技术的生命周期影响（Diamond et al.，1999；Volkwein et al.，1999）。Volkwein 等（1999）通过生命周

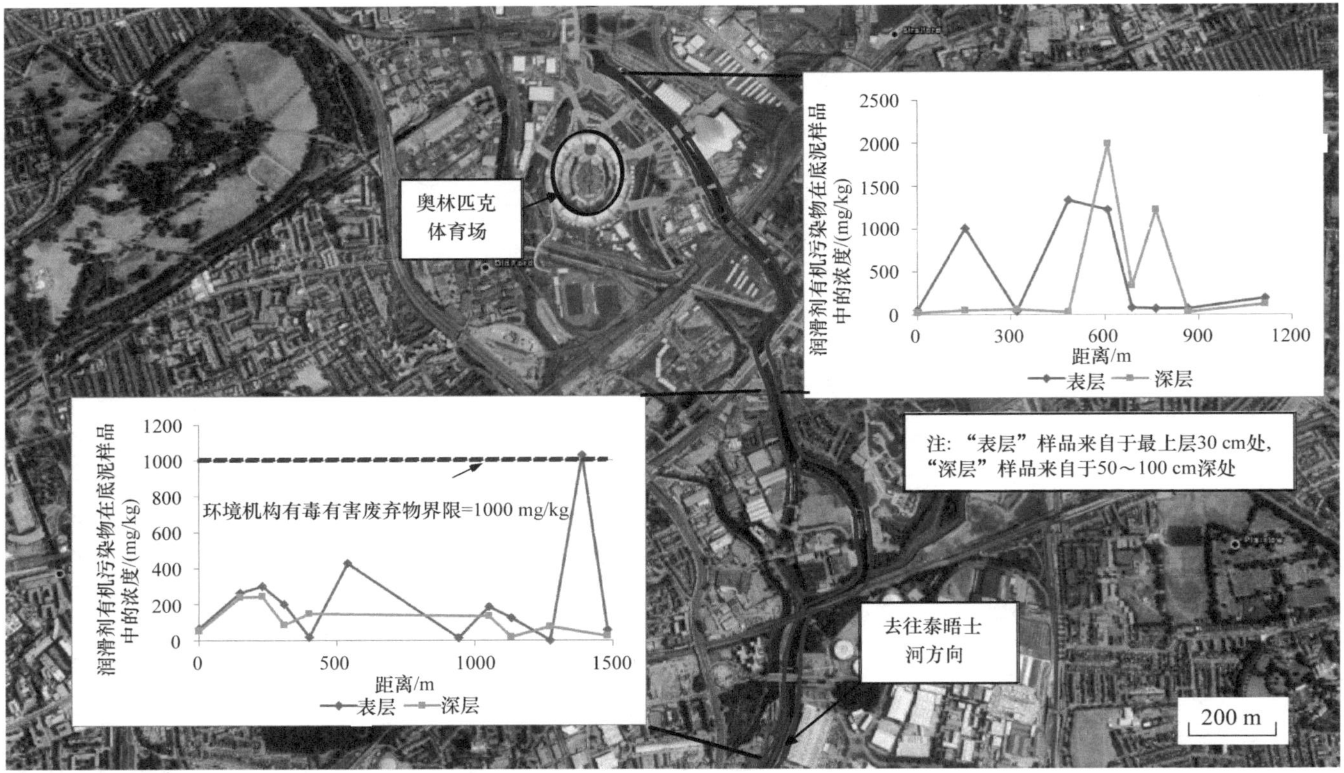

图 3-3　伦敦奥林匹克公园水道疏浚位置图

期评价计算了一个位于德国的污染场地修复项目的潜在负面环境影响。结果表明，土壤淋洗作为修复过程中的一个环节，所造成的环境负面影响在整个修复过程总体影响中的占比较小，然而此研究并没有单独对淋洗技术的影响进行深入说明。针对一个位于加拿大的污染场地修复案例研究，Diamond 等（1999）将土壤淋洗和其他 4 个修复方案的生命周期影响进行了对比。该研究定量分析了每种修复方案中各个环节造成的环境影响的大小，结果表明，相比于土壤淋洗，挖掘填埋造成的负面环境影响更大。Harbottle 等（2008）评价了一个位于英国的污染土壤淋洗修复案例的生命周期影响，结果表明，相比于挖掘填埋，土壤淋洗在全球变暖、土壤酸化、水体富营养化等方面的影响更小，而在大气污染和人体健康方面的影响稍大。然而，该研究存在一定的局限性：①该研究比较了两个含有不同污染物、位于不同位置的修复项目，导致了修复前提条件的不同；②该研究中的项目在 20 世纪末就已实施，并不能反映土壤淋洗技术的发展现状；③该生命周期评价是基于过程的，因此有可能产生较大的截断误差（参考本章第一节内容）。

本章所述案例除了对底泥修复的可持续性研究外，还对河道治理的可持续性进行了探讨，将疏浚河道带来的各方面影响与维持现状（即不采取任何行动）的影响进行了对比。

二、模型求解流程

土壤淋洗和挖掘填埋的处理流程如图 3-4 所示。表 3-6 和表 3-7 列出了两种处理方式的过程数据清单和清单假设。在过程清单中，24 km 被作为伦敦大都市集聚区每天平均的交通距离（DFT，2011）。伦敦奥运会交付管理局认为至少需要 85%的建筑工人采用公共交通的方式来奥林匹克公园，才能减少在高速公路网状系统中开私家车产生的影响（ODA，2007a）。本案例假设 10%的建筑工人驾驶私家车来上班，5%的建筑工人采用步行或骑自行车的方式来上班，剩下的 85%的建筑工人采用公共交通的方式来上班，其中 40%采用地铁出行，31%采用公交车出行，剩下的 29%采用地面轻轨出行（DFT，2011）。

三、英国输入-输出数据模型

英国供给和使用表（supply and use table，SUT）及输入-输出分析表（input-output analytical table，IOAT）均基于 1993 年的联合国账目体系（ONS，2011b）。如表 3-8 所示，输入-输出分析表能提供截至 2005 年的数据，而供给和使用表能提供截至 2010 年的数据。本章社会和经济各项指标系数基于 2005 年的输入-输出分析表数据（ONS，2011b），而修复行业的经济输入-输出数据则基于

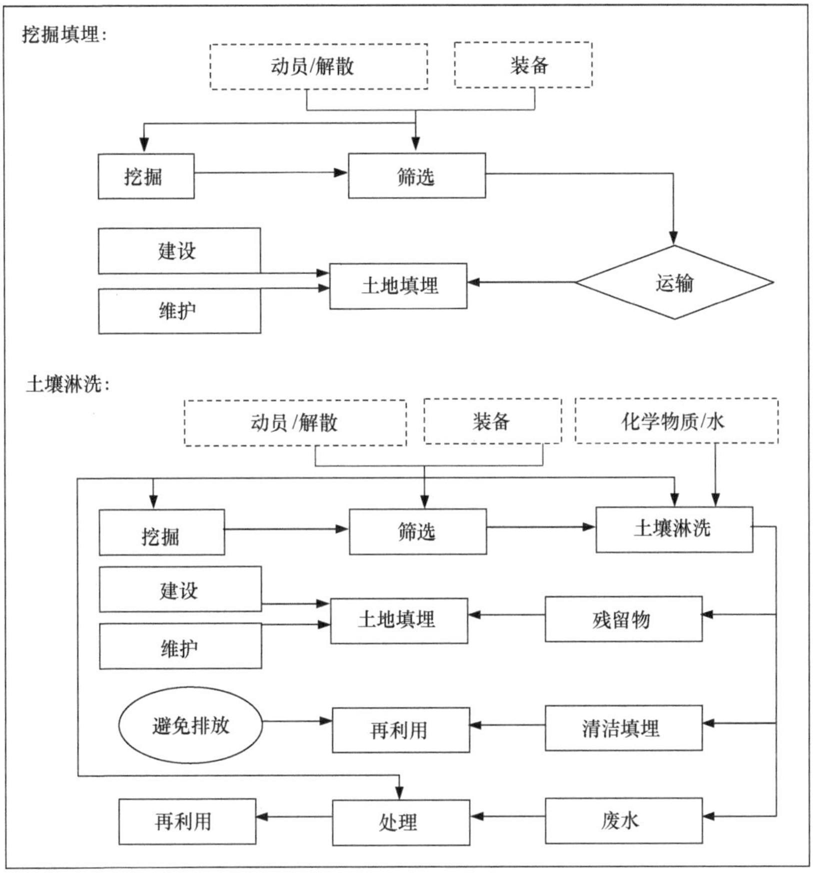

图 3-4　主要修复过程的流程图

表 3-6　流程清单数据汇总

关键参数/物质输入	土壤淋洗	挖掘填埋
挖掘		
无害底泥体积/m^3	26 431	26 431
能被洗掉的有害底泥体积/m^3	1 877	1 877
不能被洗掉的有害底泥体积/m^3	789	789
挖掘过程中的柴油消耗/MJ	1 881 121	1 881 121
土壤淋洗		
底泥运输距离——驳船运输/km	2	
底泥运输距离——卡车运输/km	1	
耗电/（kW·h）	125 235	
耗水/m^3	1 565	
消耗混凝土/m^3	77	

续表

关键参数/物质输入	土壤淋洗	挖掘填埋
产生的干净的土壤/m^3	22 080	
距离混凝土厂距离/km	10	
距离产沙厂距离/km	22	
废物处置		
无害废物处置/t	9 964	42 290
有害废物处置/t	1 184	4 266
无害废物填埋距离/km	18	18
有害废物填埋距离/km	152	152

表 3-7 过程清单假设

项目	假设
电能	生态流程：电能，中等电压
混凝土	生态流程：混凝土，常态，在厂内生产
柴油	生态流程：柴油，在制造的机器内燃烧
载客车	生态流程：载客车，燃烧石油，2010 年普通车型
水运输	生态流程：运输，驳船
装载/卸载	生态流程：挖掘，铲车
水	生态流程：自来水，用户用水
无害废物处置	生态流程：处置，加入惰性废弃物，5%水，进行惰性填埋
有害废物处置	生态流程：处置，加入惰性物质，无水，进行卫生填埋
沙子	生态流程：沙子，以矿物的形式
卡车运输	生态流程：运输，卡车重量>16 t，平均尺寸
公交车运输	生态流程：运输，常见巴士
火车运输	生态流程：运输，大型都市的火车，瑞士联邦铁路

2010 年的 SUT 数据（ONS，2012a）。通过调整进口、利润和税率等参数，将在 SUT 中的商品价格转化为在输入-输出分析表中的基准价格，从而将这两个不同年份的数据库进行整合。另外，2005 年的输入-输出分析表数据来源于英国 2003 年的标准行业分类，而 2010 年的 SUT 数据来源于 2007 年的标准行业分类（ONS，2009）。可以通过一系列的加权系数，将这两类数据整合起来（ONS，2011a）。

建立输入-输出分析表需要将不同行业产品的输入数据分开，该过程通常需要采用一些假设：①不同行业生产的相同产品具有相同的输入结构；②相同行业生产的不同产品具有相同的输入结构。

表 3-8 数据来源

来源	类型	数据	发布年份	用于混合生命周期评价模型的数据年份	参考文献
伦敦奥运会交付管理局	奥林匹克公园修复计划文件	过程数据	2006～2011	2006～2011	项目文件
英国水道	相关的项目文件	过程数据和经济数据	2006～2011	2006～2011	项目文件
英国国家统计办公室	2007 年英国经济活动的标准行业分类	分类系统	2009	N/A	ONS，2009
英国国家统计办公室	英国环境报告	通过能源和工业领域利用碳，在工业领域中排放废气	2012	2010	ONS，2012b
英国国家统计办公室	输入-输出分析表	通过数据表展示输入-输出数据，系数矩阵，Leontief 求逆，矩阵相乘	2011	2005	ONS，2011b
英国国家统计办公室	输入-输出数据提供与使用	供给和使用表	2012	2010	ONS，2012a
英国国家统计办公室	年度商业调查	雇佣数据	2010	2005	ONS，2010b
健康和安全委员会	健康和安全委员会的年度统计报告	因公死亡和受伤数据	2012	2009～2010	HSE，2013

注：N/A 表示数据不可用

四、输入-输出模型环境账户数据

英国的环境账户数据每年都会发布。到 2011 年为止，英国利用 2007 年的标准行业分类数据已经在 93 个经济部门中发布了环境账户数据（ONS，2012b）。本章由于已经使用了 2005 年的输入-输出分析表，2005 年的环境账户数据被再次分配到 2003 年的英国标准行业分类数据中，从而保持与输入-输出分析表中的数据一致。对数据的分解和重组与 2005 年的每个领域的经济输出成比例。

英国的环境账户通过汇编，与整合的环境和经济账户系统（system of integrated environmental and economic accounting，SEEA）相一致，而后者也与联合国的国家账户数据系统密切相关（ONS，2012b）。本章使用的环境账户数据包括：不同种类的燃料使用情况、能源消耗和大气排放。大气排放包括温室气体（二氧化碳、甲烷、一氧化二氮和氢氟烃）、酸雨前驱物（二氧化硫、氮氧化物、氨）、颗粒物（PM_{10}）、一氧化碳、非甲烷挥发性有机物（non-methane volatile organic compound，NMVOC）和重金属排放。

五、修复成本模型和经济输入-输出模型的调整

本章的经济输入-输出生命周期评价模型的基础是英国 2005 年的输入-输出分析表。英国的输入-输出分析表每 5 年发布一次，最近一次是 2011 年发布的 2005 年的输入-输出分析表数据（ONS，2011b）。更新的 2010 年的供给和使用表（SUT）在 2012 年也已经发布（ONS，2012a），这些数据也被用来修正输入-输出生命周期评价的混合分析结果。经济输入-输出模型通过两步来加以修正。第一步构建并且使用一个修复成本模型（remediation project cost model，RPCM）来调整修复计划中的输入需求。建立修复成本模型的方式是分解预算和开销。对于任何实际的修复项目，通常都有详细的成本分解，然后修复成本模型就能轻松地利用项目数据和英国标准行业分类编码加以构建。对于本章中的案例研究而言，由于基础的成本信息是非公开的，因而项目的成本并不具体。根据不同文献描述的修复过程及成本估算，总体成本数据被分解为细化的分项成本。如本章第三节中的描述，修复成本模型用来估算社会和经济的影响。在本案例模型中使用的成本假设和来源见表 3-9。第二步，通过标准行业分类数据，扣除基于过程的生命周期评价中所包括的材料成本。这部分材料成本根据英国工程造价手册等官方数据重新获取。为了避免由于市场因素导致原油等材料价格的波动，这部分材料价格使用了 2000 年至 2010 年的历史均价。

六、价格和成本的转换

由于英国输入-输出分析表的计算是基于基准价格条目的，本章使用的基于经

表 3-9　成本假设和来源

项目	数值	来源
挖掘过程中的动员与解散/（£/单位）	12 000	项目文件
挖掘过程/（£/m^3）	7.5	项目文件
疏浚设备资金成本分配/£	62 935	项目文件；McNally，2012
土壤淋洗/（£/m^3）	30	项目文件
土壤淋洗设备/£	35 894	项目文件；USEPA，1995
在水处理过程中多聚物的成本/£	39 858	项目文件；Gove，2009
危险废物填埋/（£/t）	40	项目文件
行政费用/（£/负荷）	25	项目文件
危险废物公路运输/（£/负荷）	440	项目文件
一般废物填埋/（£/t）	35	项目文件
一般废物公路运输/（£/负荷）	240	项目文件
土壤淋洗技术设计/%	10	FRDR，2006
挖掘和倾卸设计/%	5	工程设计经验值
项目管理/%	10	工程设计经验值

济输入-输出模型也需要这些基准价格条目。基准价格通过调整进口、利润和税减产品补贴后的售价来计算（ONS，2011b）。因为在修复行业中，并不涉及货物的输送及批发或零售贸易，所以成本价与售价的比值小于1，即基准价格低于售价。利用成本价与售价的比值，便可以将项目成本从售价转换为基准价格。另外，通货膨胀也会影响项目成本，所有的项目成本必须根据国家统计局公布的消费者价格指数转换为2005年的价格（ONS，2013），与输入-输出分析表保持一致。详细的经济输入-输出模型输入参数见表3-10。

表 3-10　修复项目中所涉及各行业的经济投入需求

序号	经济输入-输出行业分类（以 2003 年英国标准行业分类为准）	修复投入的成本构成/100 万£	土壤淋洗所需经济投入/£	填埋所需的经济投入/£
1	农业	0	0	0
2	林业	0	0	0
3	渔业	0	0	0
4	煤炭提取业	18	0	0
5	油气提取业	0	0	0
6～7	金属矿石开采，其他采矿和采石	1 773	2 229	4 706
8	肉类加工业	0	0	0
9	鱼类和果蔬加工业	0	0	0
10	油脂加工业	0	52 459	52 459
11	乳制品	0	0	0
12	谷物研磨和淀粉	0	0	0

续表

序号	经济输入-输出行业分类 （以 2003 年英国标准行业分类为准）	修复投入的成本构成/100 万£	土壤淋洗所需经济投入/£	填埋所需的经济投入/£
13	动物饲料	0	0	0
14	面包、饼干等	0	0	0
15	糖	0	0	0
16	糕点	0	0	0
17	其他食物	0	0	0
18	酒精饮料	0	0	0
19	软饮料和矿泉水	0	0	0
20	烟草产品	0	0	0
21～23	纺织纤维、纺织品编织、纺织整理	0	0	0
24～27	地毯等纺织品和针织品	0	0	0
28	穿着服装和毛皮产品	0	0	0
29～30	皮革制品、鞋类	1 773	2 229	4 706
31	木材和木制品	0	0	0
32	纸浆、纸和纸板	5 301	6 663	14 069
33	纸和纸板产品	0	0	0
34	印刷和出版业	0	0	0
35	炼焦炉、精炼石油和核燃料	0	0	0
36	工业气体和染料	0	0	0
37～38	无机化学品、有机化学品	2 198	39 858	0
39～41	肥料、塑料和合成树脂、农药	1 087	1 366	2 884
42	油漆、清漆、印刷油墨等	0	0	0
43	药品	0	0	0
44	肥皂和厕所洗涤剂	1 773	2 229	4 706
45～46	其他化工产品、人造纤维	5 580	7 014	14 809
47	橡胶制品	778	979	2 066
48	塑料制品	2 768	3 479	7 345
49	玻璃及玻璃制品	1 589	1 998	4 218
50	陶瓷制品	1 052	1 322	2 791
51～52	结构黏土产品、水泥、石灰和石膏	875	1 100	2 322
53	混凝土、石头等物品	1 804	7 777	0
54～56	钢铁、有色金属、金属铸件	0	0	0
57	结构金属产品	0	0	0
58	金属锅炉和散热器	0	0	0
59	金属锻造、压制等	0	0	0
60	餐具、工具等	0	0	0
61	其他金属制品	0	0	0

续表

序号	经济输入-输出行业分类 （以 2003 年英国标准行业分类为准）	修复投入的成本构成/100 万£	土壤淋洗所需经济投入/£	填埋所需的经济投入/£
62	机械动力设备	0	0	0
63	通用机械	0	0	0
64	农业机械	0	0	0
65	机械工具	0	0	0
66	专用机械	0	0	0
67	武器和弹药	0	0	0
68	家用电器	0	0	0
69	办公机械和电脑	2 168	2 726	5 755
70～71	电动机和发电机等，绝缘电线和电缆	38	47	100
72	电气设备	287	361	763
73	电子元器件	1 053	1 323	2 794
74	电视、收音机和电话的发射器	0	0	0
75	电视和收音机的接收器	0	0	0
76	医疗和精密仪器	0	0	0
77	机动车	1 773	2 229	4 706
78	造船和修理	0	0	0
79	其他运输设备	0	0	0
80	飞机和航天器	0	0	0
81	家具	0	0	0
82	珠宝及相关产品	0	0	0
83	运动用品和玩具	0	0	0
84	杂项制造和回收	3 546	4 457	9 411
85	电力生产和分配	3 546	9 578	0
86	气体分配	0	0	0
87	供水	0	1 670	0
88	建设	3 546	4 457	9 411
89	机动车分配、修理及燃料	0	56 640	48 000
90	批发分销	0	0	0
91	零售分销	0	0	0
92	住宿和餐饮	0	0	0
93	铁路运输	0	0	0
94	其他陆地运输	3 546	194 608	651 040
95	水路运输	0	1 627	0
96	航空运输	0	0	0
97	辅助运输服务	3 546	4 457	9 411
98	邮政和快递服务	1 773	2 229	4 706

续表

序号	经济输入-输出行业分类（以 2003 年英国标准行业分类为准）	修复投入的成本构成/100 万£	土壤淋洗所需经济投入/£	填埋所需的经济投入/£
99	电信	3 546	4 457	9 411
100	银行和金融	1 773	2 229	4 706
101	保险和养老基金	0	0	0
102	辅助金融服务	0	0	0
103	拥有和交易房地产	1 773	0	0
104	住宅租让	0	0	0
105	地产代理活动	5 319	0	0
106	机械租赁等	3 546	134 723	62 935
107	计算机服务	3 546	4 457	9 411
108	研究与开发	10 638	0	0
109	法律活动	1 773	2 229	4 706
110	会计服务	0	0	0
111	市场研究、管理咨询	0	0	0
112	建筑活动和技术咨询	3 766	125 700	132 700
113	广告	1 773	0	0
114	其他商业服务	17 510	22 010	46 472
115	公共管理与国防	0	0	0
116	教育	0	0	0
117	健康和兽医服务	3 546	4 457	9 411
118	社会工作活动	0	0	0
119	污水和卫生服务	200 355	470 550	1 407 391
120	会员组织	0	0	0
121	娱乐服务	0	0	0
122	其他服务活动	3 546	4 457	9 411

七、来自污染底泥的一次影响

目前，使用较多的生命周期影响评价模型有两种：USES-LCA 和 UNEP-SETAC USEtox。相比于后者，USES-LCA 的应用范围更广，更加适用于伦敦奥林匹克公园污染底泥造成的一次影响计算。模型中，表层底泥厚度为 3 cm，沉降速度、埋藏速度、再悬浮均来源于美军工程团队开发的 RECOVERY 模型，该模型中采用了默认的沉降速度（90 m/年）及埋藏速度（0.0005 m/年）（Ruiz et al.，2001），从而计算得到一个估计的再悬浮的速度为 0.0055 m/年。底泥中的污染物通过再悬浮迁移至水体中，产生暴露风险，迁移量则取决于底泥与水之间物质交换的速率，可根据由犹他州大学开发的 DREDGE 模型加以估算（Hayes and Je，2000）。模型计算了 100 年内底泥中污染物的暴露量，该模型和 USES-LCA 模型具有相似的精度。用来估算一次影响的参数在表 3-1 中可以找到。需要指出的是，本次使用的模型中再悬浮的底泥中的实际毒性的影响与 USES-LCA 模型计算的有所差别，这是由食物链摄入水平和人口密度差异所导致的：USES-LCA 模型中的有关参数取值为欧洲平均值，必然与地方的真实情况有差异。对于处理后底泥的再利用，我们假设用于奥林匹克公园表层 30 cm 厚的覆盖土。由于 ReCiPe 模型中设定了土壤环境对陆地生物的暴露风险主要来自表层 20 cm 厚土壤中的污染物（Goedkoop et al.，2013），我们也假设处理后再利用的底泥一次影响来源于表面 20 cm 厚土壤中的污染残留。

第五节　不确定性与模型限制

一、案例不确定性分析与局限性

生命周期评价的结果在很大程度上取决于方法和数据的选择或者基于方法和数据的假设的选取。因此，在解释生命周期建模结果的时候，进行一些不确定性分析是非常重要的。对影响模型结果的关键参数进行不确定性分析，可以计算不同修复情景下的影响值，通过对不确定性的计算，可以描述结果的误差大小。根据有关研究结果，在计算填埋距离时需要考虑−30%～50%的不确定性（Harbottle et al.，2007；Suer and Andersson-Sköld，2011）；为了满足奥林匹克场址的要求，在考虑距离采石场的距离（22 km）时，需要给予 50%的浮动因子；根据底泥样品的粒径分布，我们假设 78%的土壤经过土壤淋洗后能被再次使用，然而在实际情况中该百分比可能发生变化；固定的设备花费需要加以±50%的影响因子，因为在不同的市场环境下，固定设备的利用和资本的恢复周期会有很大的差异（McNally，2012）。对于社会和经济影响而言，所有基于输入-输出的影响情境都需要通过调整经济产出结构而进行测试：固定设备分配比例需要乘以±30%的系数，技术咨询和项目管理需要乘以±20%的系数，建筑施工需要乘以±15%的系数。对于资产价值而言，许多不同的因素会影响资产的价格。将价格费用归因到一个单一的因素是非常困难的。因此，对于资产价值而言，不确定性分析是非常重要的。本章通过对影响因子进行±30%幅度的调整，以及对单位资产价格进行±20%幅度的调整，来测试这些参数的不确定性。

本章开发的基于输入-输出的混合模型也会有一系列的不确定性。输入-输出分析表的数据每 5 年发布一次，存在时间上的延迟，而模型的经济数据仅代表其中一年的情况。例如，最新一期的输入-输出分析表数据发布于 2011 年，并且仅发布了 2005 年的数据。环境影响数据也会随着时间而变化，但考虑到英国政府提供基于年度的环境影响数据，并且只有两年的滞后期，因而该影响可能较小。由于数据收集方法存在缺陷，经济数据和环境影响数据都存在不确定性，可以参考表 3-8 中的参考文献，来获得每组数据来源的不确定性的相关信息。另外，一种不确定性来自于 2003 年的英国标准行业分类和 2007 年的英国标准行业分类的价格差异，本案例中所采用的将两者整合的方法还相对粗略。

本章中基于输入-输出的模型也具有其自身的局限性，该局限性主要来自于英国环境署能提供数据的限制。英国环境署提供的大气排放数据主要集中在了温室气体的排放上，但其并没有包含污染物排放到水体中和土壤中的数据。通常来讲，基于输入-输出的生命周期评价在来自于大气排放的环境影响方面做得很好，但在其他方面表现欠佳。当利益相关方更多地关注陆地和水生环境影响时，基于输入-输出的生命周期评价的方法便不那么可靠了。同时需要指出的是，若甲烷生产来自于工业领域的平均数据，那么基于输入-输出的生命周期评价会明显高估实际产生的影响，因为传统的市政废物具有较高的有机组分，所以会产生较多的甲烷排放。在本研究中，基于输入-输出的生命周期评价中的甲烷产量是基于底泥成分中的有机物含量而加以确定的。

二、模型的不确定性

传统基于过程的生命周期评价的问题之一是忽略了一些细节的上游过程。本章通过将传统的生命周期评价与输入-输出方法相结合，从而降低这方面的不确定性。不确定性与材料、过程和排放设备相关。另外，中点指标法会比端点指标法具有更小的不确定性，因而我们推荐当决策者能理解 ReCiPe 中点指标法的结果时，尽量采用生命周期影响评价的中点指标法。

三、模型的局限性

局限性是和技术进步的模式相联系在一起的。本章在比较不同修复方法时，使用了前景评价的方式进行分析。本案例的评价目标并非对于原先已经发生了什么与原先本可以发生什么进行回溯性评价。基于对类似于这样的项目数据是否会在项目计划进程中可以被使用的考量，该评价模式的选择在某些场合已经决定了项目的组成要素是否应该被包括。例如，在实际项目的执行过程中，经过处理的挖掘的材料与来自项目场地和其他来源的材料进行混合，这些混合材料被用来作为绿化的表层覆土。然而，人们发现一种来自日本的紫菀科植物在某些修复地区属于入侵物种，因而人们采取监测、评价、植物移除和土壤置换的办法来解决该问题。人们怀疑来自日本的紫菀科植物是在土壤淋洗和再次使用中带入河流底泥的。这种现象的出现在计划阶段的考虑情形之外，因此还没有将其包含在现阶段的前景评价中。

第六节　结果与讨论

根据参数的输入，ReCiPe 模型为我们提供了详细的环境影响评价结果和比较，结果见表 3-11、表 3-12。

表 3-11　根据经济输入-输出、基于过程和混合生命周期评价的二次影响完整结果

影响类别	无操作	土壤淋洗	挖掘填埋
生态系统——农业土地占用	0.00E+00	8.86E+01	4.26E+02
生态系统——气候变化	0.00E+00	5.95E+03	1.84E+04
生态系统——淡水生态毒性	3.44E+01	1.40E+01	2.12E+01
生态系统——淡水富营养化	0.00E+00	1.17E+00	8.04E+00
生态系统——海洋生态毒性	3.37E–02	1.99E–02	4.21E–02
生态系统——自然土地转型	0.00E+00	–2.70E+03	–7.13E+03
生态系统——陆地酸化	0.00E+00	2.25E+01	8.07E+01
生态系统——陆地生态毒性	3.87E+00	2.87E+03	3.48E+01
生态系统——城市土地占用	0.00E+00	–4.49E+01	2.77E+03
生态系统——总影响	3.83E+01	6.20E+03	1.46E+04
人类健康——气候变化	0.00E+00	9.09E+03	2.82E+04
人类健康——人类毒性	1.20E+04	8.18E+03	1.64E+04
人类健康——电离辐射	0.00E+00	–9.64E+00	2.46E+01
人类健康——臭氧耗竭	0.00E+00	1.36E+00	9.65E+00
人类健康——颗粒物质形成	0.00E+00	3.81E+03	1.44E+04
人类健康——光化学氧化剂形成	0.00E+00	2.65E+00	8.04E+00
人类健康——总影响	1.20E+04	2.11E+04	5.90E+04
资源消耗——化石枯竭	0.00E+00	1.45E+04	5.45E+04
资源消耗——金属枯竭	0.00E+00	–6.03E+00	2.05E+01
资源消耗——总影响	0.00E+00	1.45E+04	5.46E+04
总影响	1.21E+04	4.18E+04	1.28E+05

注：数据为 ReCiPe 值，是通过 ReCiPe 模型计算出的结果，没有单位，其值越大，表示影响越大，负值表示正面影响

表 3-12 基于过程的生命周期评价、混合生命周期评价、经济输入-输出生命周期评价结果对比（%）

影响类别	基于过程的生命周期	省略部分			混合生命周期	经济输入-输出生命周期
		咨询/管理	进场/出场	设备		
1. 土壤淋洗						
1.1 生态系统——农业土地占用	100	0	0	0	100	0
1.2 生态系统——气候变化	62	8	7	10	100	94
1.3 生态系统——淡水生态毒性	100	0	0	0	100	0
1.4 生态系统——淡水富营养化	100	0	0	0	100	0
1.5 生态系统——海洋生态毒性	99	0	0	0	100	2
1.6 生态系统——自然土地转型	100	0	0	0	100	0
1.7 生态系统——陆地酸化	77	5	4	6	100	78
1.8 生态系统——陆地生态毒性	74	2	13	5	100	26
1.9 生态系统——城市土地占用	100	0	0	0	100	0
1.10 人类健康——气候变化	62	8	7	10	100	94
1.11 人类健康——人类毒性	99	0	0	0	100	6
1.12 人类健康——电离辐射	100	0	0	0	100	0
1.13 人类健康——臭氧耗竭	100	0	0	0	100	0
1.14 人类健康——颗粒物质形成	85	3	3	4	100	47
1.15 人类健康——光化学氧化剂形成	79	3	4	4	100	59
1.16 资源消耗——化石枯竭	70	7	5	8	100	73
1.17 资源消耗——金属枯竭	100	0	0	0	100	0
1.18 总影响	68	7	6	8	100	75
2. 挖掘填埋						
2.1 生态系统——农业土地占用	100	0	0	0	100	0
2.2 生态系统——气候变化	88	3	4	0	100	133
2.3 生态系统——淡水生态毒性	100	0	0	0	100	0
2.4 生态系统——淡水富营养化	100	0	0	0	100	0
2.5 生态系统——海洋生态毒性	100	0	0	0	100	2
2.6 生态系统——自然土地转型	100	0	0	0	100	0
2.7 生态系统——陆地酸化	94	2	2	0	100	116
2.8 生态系统——陆地生态毒性	98	0	1	0	100	30
2.9 生态系统——城市土地占用	100	0	0	0	100	0
2.10 人类健康——气候变化	88	3	4	0	100	133
2.11 人类健康——人类毒性	100	0	0	0	100	5
2.12 人类健康——电离辐射	100	0	0	0	100	0
2.13 人类健康——臭氧耗竭	100	0	0	0	100	0
2.14 人类健康——颗粒物质形成	96	1	1	0	100	66
2.15 人类健康——光化学氧化剂形成	95	1	1	0	100	78
2.16 资源消耗——化石枯竭	93	2	2	0	100	81
2.17 资源消耗——金属枯竭	100	0	0	0	100	0
2.18 总影响	92	2	3	0	100	94

注：表中数值为各生命周期评价值与混合生命周期评价值的比值

一、不同策略选择及不同技术选择的环境影响

（一）对比 1：不采取任何措施与采取底泥修复措施

本章的结果与很多其他有关研究结论一致，即修复行为本身会造成显著的环境影响。研究证实，若一次影响和二次影响所占的权重一样大，那么由修复行为造成的生命周期环境影响会超过修复受污染介质带来的影响（Lemming et al., 2010b）。在本章中，受污染的底泥会对生态系统和人体健康产生长期的影响（表 3-13）。采取土壤淋洗措施后，该影响减少了大约 30%，而在采取土地填埋措施后，该影响减少了大约 80%。虽然这些措施看上去效果显著，但这些行为所带来的一次影响相比于土壤淋洗和土地填埋所产生的二次影响更小。如表 3-13 所示，如果将一次影响和二次影响叠加，由土壤淋洗带来的影响约为不做修复所带来影响的 3 倍，而土地填埋所带来的影响超过了不做修复所带来影响的 10 倍。

表 3-13　对所有修复行为进行一次、二次和三次生命周期影响[a]的比较结果表

修复行为	生态系统	人体健康	资源消耗	总和
1. 不采取任何措施				
1.1 一次影响[b]	38	12 042	0	12 080
1.2 二次影响	0	0	0	0
1.3 三次影响	0	0	0	0
2. 采取土壤淋洗修复技术				
2.1 一次影响	2 878	4 961	0	7 838
2.2 二次影响[c]	3 319	16 120	14 483	33 913
清洁土地回填（避免排放）[d]	−8 061	−14 351	−13 962	−36 374
2.3 三次影响[e]	−17 452	−40 076	−48 211	−105 739
3. 采取挖掘填埋修复技术				
3.1 一次影响	12	3 652	0	3 663
3.2 二次影响	14 617	55 345	54 627	124 589
3.3 三次影响	−17 452	−40 076	−48 211	−105 739

a. 所有的影响通过 ReCiPe 值表达

b. 一次影响是由底泥中的污染物产生的

c. 二次影响是由修复行为本身产生的

d. 避免因为土壤重新使用时产生的排放在计算总二次影响时从其他二次影响中扣除

e. 三次影响是由修复场地的再使用产生的

根据上述讨论可知，修复行为在很多情况下并不会产生正面的环境效益，然而当考虑了三次影响后结果可能有所不同。本章对河流底泥的挖掘和处置能使河道用于水上交通，由于水上运输相比于公路运输而言有更小的环境排放，因而能产生显著的正面环境效应来抵消由于修复行为本身造成的负面环境效应。如表 3-13 所示，由于修复行为减少的污染物排放产生的环境影响在用土壤淋洗进行修复时约为二次影响的 3 倍，在利用填埋进行修复时约为二次影响的 84%。如图 3-5 所示，总体而言，土壤淋洗相比于不采取任何措施具有明显的正面环境影响。结果说明，将三次影响考虑在计算修复行为产生的净环境影响内是非常重要的。

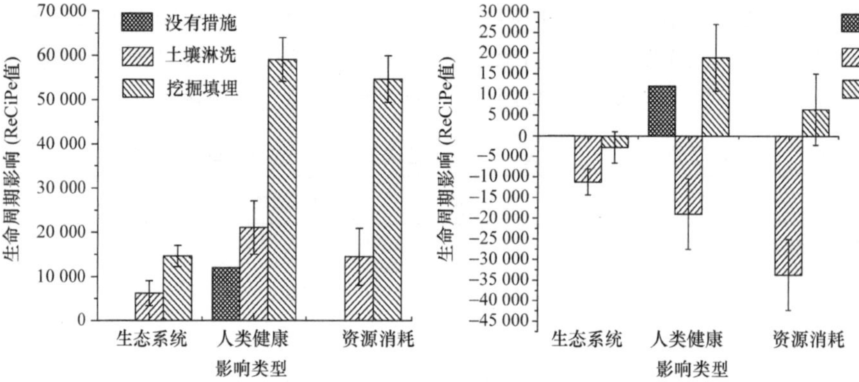

图 3-5　采用 ReCiPe 端点层次计算法得到的净环境影响

左图仅包括一次和二次影响；右图包括一次、二次和三次影响

（二）对比 2：土壤淋洗对比挖掘填埋

疏浚在清理受污染底泥时是一种广泛使用的技术，然而对于疏浚的污染物处理仍然是一个挑战。本章对比了使用土壤淋洗技术和挖掘填埋技术来处理受污染底泥的可持续性。如图 3-5 所示，挖掘填埋在生态系统、人类健康和资源消耗 3 个方面均有更大的生命周期影响。挖掘填埋产生的一次影响和二次影响之和大于土壤淋洗的 3 倍。这里需要指出的是，土壤淋洗产生的净环境影响由于清理后土壤的回用而下降了 50%。一些研究将土壤淋洗技术与其他修复技术进行比较，然而其中一些仅仅停留在定性阶段（Diamond et al.，1999；Volkwein et al.，1999），另外有些研究将一个项目中的土壤淋洗与另一个项目中的土壤淋洗进行了比较（Harbottle et al.，2008）。本章提供了更加充分的证据来证实土壤淋洗相比于挖掘填埋而言能带来明显的环境效益。虽然再利用和循环是修复过程中的重要考虑因素（Holland et al.，2013），但需要指出的是，对处理后的污染土壤/底泥不合理的

再利用会带来新的污染（Hou，2011；Hou et al.，2012）。因此循环利用技术，如土壤淋洗技术的采用必须格外小心谨慎以避免交叉污染。

二、对比一次、二次和三次影响

在现有的关于土壤修复的生命周期评价的研究中，关于是只包含二次影响，还是包含一次和二次影响，或者包含所有的三种影响，并没有一个明确的定论。超过一半的现有的生命周期评价的研究并没有包含一次影响（Owsianiak et al.，2013），并且几乎所有的生命周期评价的研究都从系统上排除了三次影响（Morais and Delerue-Matos，2010）。研究表明，所有的三种影响都有可能是显著的，并且将所有的影响都包含在综合的生命周期评价系统中是非常重要的。如表3-13所示，由于考虑了土壤回用，土壤淋洗比填埋具有更高的一次影响，但土壤填埋的二次影响更大，并且其比两者的一次影响均要高出一个数量级。因此，土壤淋洗比填埋对环境更具有可持续性。当比较土壤淋洗和不采取任何措施时，不采取任何措施具有更大的一次影响，而土壤淋洗具有更大的二次影响。当我们考虑计算的不确定性，同时考虑利益相关人员认为局部影响（一次影响）比全球影响（二次影响）更重要时，我们将会很难判断土壤淋洗和不采取任何措施哪一个更好。然而，一旦我们考虑三次影响，土壤淋洗在环保方面更有优势这一点就会变得非常明显（图3-5）。综上所述，进行土壤修复的生命周期评价中考虑一次影响和三次影响的重要性。

在进行评价时考虑包含的影响类别也基于评价的可持续性种类。对于可持续修复而言，有两种可持续性需要被指出：修复目标的可持续性、修复技术的可持续性（NICOLE，2008）。后者选择了一种使环境因素最大化的修复方法，同时也平衡了社会和经济的成本及收益。绝大部分现有的生命周期评价属于这个范畴，它们也把重点放在了环境影响上（Lemming et al.，2010a；Morais and Delerue-Matos，2010）。在考虑修复技术的可持续性时，二次影响是最重要的，但如果不同的修复技术会导致不同浓度的有毒物质的残留，那么一次影响也是重要的（Lemming et al.，2010b）。修复技术可持续性的提升也确保了修复过程的持续改善（Holland，2011；Hou and Leu，2009）。在对比修复技术的可持续性时，前一种可持续性提出了一些问题，如是否需要进行土壤修复，以及应该采取什么修复标准。对修复技术的可持续性考量并没有得到美国环保局和美国可持续修复论坛的支持，因为美国环保局的法规限制了进行修复决策时其对社会和经济影响的考虑（Ellis and Hadley，2009；ITRC，2011）。但这种可持续性已经变成了可持续修复观念中的关键元素，因而受到英国可持续修复论坛的支持（SuRF-UK，2010）。本章所介绍的研究表明，在进行修复目标的可持续性评价时，除考虑二次影响外，考虑一次影响和三次影响也是非常重要的。同时需要指出的是，对于因环境担忧而进行的底泥修复而言，三次影响除了用于河道运输，也许会更多地和生态恢复及有益的娱乐用途相联系。在这种情形下，三次影响需要用类似于条件价值评价法的方法进行评价（如利用国家的偏好模型去研究人们愿意付钱的程度）（Alberini and Kahn，2009）。

三、基于经济输入-输出的生命周期评价，基于过程的生命周期评价，混合生命周期评价

基于经济输入-输出的生命周期评价方法在土壤淋洗的总影响中减少了32%的截断误差，在填埋的总影响中减少了 8%的截断误差（表 3-14）。这些误差主要由在基于过程的生命周期评价中未考虑的三个方面造成：咨询/管理、动员/解散，以及资产设备使用。我们以在土壤淋洗过程中的生态——气候变化影响为例，咨询/管理会导致 8%的总影响，动员/解散会造成 7%的总影响，而资产设备使用会导致 10%的总影响。需要指出的是，总二次影响包含了原先被忽略的清洁土壤的回用，因此截断误差的绝对量并没有那么大。

本章同时指出了纯粹的基于经济输入-输出的生命周期评价也许是传统的基于过程的生命周期评价的替代方法。基于过程的生命周期评价、经济输入-输出生命周期评价，以及混合生命周期评价的 ReCiPe 结果对比见表 3-13 和表 3-14。如表 3-14 所示，基于经济输入-输出的生命周期评价在土壤淋洗方法中考虑了总 ReCiPe 影响的 75%，而在填埋方法中考虑了总 ReCiPe 影响的 94%。表 3-14 考虑了“精度”，该精度指的是可行性研究层面的消耗估算中要求的“单项指标的细化分析”。在传统的修复项目中，估算与输入相联系的消耗（如使用租用设备的消费）比估算实际的投入物质流（如用来制造和维护设备而使用的材料，以及特殊用途的分配）更容易实现。由于基于输入-输出的生命周期评价消耗更少的资源，而且似乎能提供一个可以接受的精度，许多不能提供基于过程的生命周期评价研究的修复项目将会提供基于经济输入-输出的生命周期评价，前提是该评价被证明对相关修复的生命周期评价而言是可信的。然而，为了证实在更大范围内的修复计划使用基于经济输入-输出的生命周期评价是可信的，需要在不同的修复技术中使用基于经济输入-输出的生命周期评价模型来加以验证。

表 3-14　利用基于输入-输出、过程和混合的生命周期评价方法计算得到的二次生命周期影响[a]（%）

影响分类[b]	基于过程的生命周期评价	截断误差				混合生命周期评价	经济输入-输出生命周期评价
		咨询/管理	动员/解散	资产设备使用	其他的细小过程		
1 土壤淋洗							
1.1 生态系统——气候变化	62	8	7	10	13	100	94
1.2 生态系统——陆地酸化	77	5	4	6	9	100	78
1.3 生态系统——陆地生态毒性	74	2	13	5	6	100	26
1.4 人体健康——气候变化	62	8	7	10	13	100	94
1.5 人体健康——人体毒性	99	0	0	0	1	100	6
1.6 人体健康——悬浮颗粒	85	3	3	4	5	100	47
1.7 资源消耗——化石燃料消耗	70	7	5	8	10	100	73
1.8 总影响	68	7	6	8	11	100	75
2 挖掘填埋							
2.1 生态系统——气候变化	88	3	2	2	5	100	133
2.2 生态系统——陆地酸化	94	2	1	1	2	100	116
2.3 生态系统——陆地生态毒性	98	0	1	0	1	100	30
2.4 人体健康——气候变化	88	3	2	2	5	100	133
2.5 人体健康——人体毒性	100	0	0	0	0	100	5
2.6 人体健康——悬浮颗粒	96	1	1	1	1	100	66
2.7 资源消耗——化石燃料消耗	93	2	1	1	3	100	81
2.8 总影响	92	2	1	1	4	100	94

a. 所有的影响因素都通过 ReCiPe 模型加以计算，并和混合生命周期评价结果相对比

b. 在表格中仅列出了 9 种生态影响的其中 3 种，6 种人体健康影响的其中 3 种，以及 2 种资源影响的其中 1 种

第七节 小 结

本章开发了一种基于经济输入-输出的混合生命周期评价模型来评价修复项目的生命周期的可持续性。该模型基于英国123个区域的输入-输出的分析表格而建立，并结合了英国当地的环境和社会经济数据（如就业、职业健康和安全）。混合生命周期评价相比于传统的基于过程的生命周期评价具有更加完整的系统边界。对于伦敦奥林匹克公园场址的研究表明，混合模型能在很大程度上减少在过程中产生的截断误差：在土壤淋洗方法中减小了32%的二次影响截断误差，在填埋方法中减小了8%的二次影响截断误差。这些截断误差的产生主要是由于未考虑桌面工作（如咨询和管理）、工作人员的调动，以及临时的资产设备的使用。混合生命周期评价方法通过结合可以快速获得的项目成本数据来纠正这些截断误差，从而为在传统的修复生命周期评价中解决这个问题提供了经济方面的工具。

本章同时表明修复的一次、二次和三次影响都有可能非常显著。一次影响由场地污染物引起，二次影响由修复行为引起，三次影响则是修复后场地再利用所带来的（Lesage et al.，2007b）。传统的修复决策制定往往基于利用风险评价，重视一次影响，而最近流行的"绿色和可持续修复"运动提倡通过利用生命周期评价或者环境足迹计算的方法，同时考虑二次影响。本章案例研究结果表明，修复过程的负面环境影响可能会超过修复所带来的环境正面效益。另外，场地的三次影响可能远远超过二次环境影响，因此有必要对现有的"绿色和可持续修复"的概念进行进一步的补充和提升。总而言之，上述的三种影响在评价修复项目的净环境效益时均需要被考虑，否则会导致结论的片面性。

通过本章的案例可知，在特定情况下，土壤淋洗在绝大部分社会、经济和环境影响类别中相比于土地填埋均更有优势。土壤淋洗在环境所有三个影响类别——生态系统、人体健康和资源消耗方面均有正的净环境效益。相比较而言，土地填埋仅在生态系统方面具有正的净环境效益，而在人体健康和资源两个方面有负的净环境效益。其中，土壤淋洗的主要效益之一在于经过处理后的土壤可以再利用，减少了土地填埋的需求。除此之外，土壤淋洗减少了废弃物的处置，以及随之产生的公路运输过程。土壤淋洗同时具有更低的能耗，更小的工人伤亡概率，更小的对当地交通的影响。

作者希望该方法能在别的案例中得到进一步的测试，最终该方法能用来建立一个新的可持续性评价工具（如基于Excel的评价工具），能被修复从业者使用。

参考文献

AFCEE. 2010. Sustainable remediation tool user guide. Lackland, Texas: Air Force Center for Engineering and the Environment.

Alberini A, Kahn J R. 2009. Handbook on contingent valuation. Cheltenham: Edward Elgar Publishing.

Atkins. 2013. Enabling the olympic park. News report, http://www.atkingsglobal.com [2017-12-6].

Batey P W J, Madden M, Scholefield G. 1993. Socio-economic impact assessment of large-scale projects using input-output analysis: a case study of an airport. Regional Studies, 27(3): 179-191.

BL. 2013. British waterways olympics site. Government Document.

CLAIRE. 2007. Technical bulletin: understanding soil washing. Contaminated Land: Applications in Real Environments.

Copp G H, Roche K. 2003. Range and diet of Eurasian otters *Lutra lutra* (L.) in the catchment of the River Lee (south-east England) since re-introduction. Aquatic Conservation: Marine and Freshwater Ecosystems, 13(1): 65-76.

DCLG. 2013. Housing market: median house prices based on Land Registry data, by district, from 1996. Department for Communities and Local Government.

DFT. 2011. Personal travel factsheet: commuting and business travel. London: Department for Transport.

Diamond M L, Page C A, Campbell M, et al. 1999. Life-cycle framework for assessment of site remediation options: method and generic survey. Environmental Toxicology and Chemistry, 18(4): 788-800.

EA. 2008. Assessment of metal mining-contaminated river sediments in England and Wales. Science Report: SC030136/SR4. Bristol, UK: Environment Agency.

Elgh-Dalgren K, Arwidsson Z, Camdzija A, et al. 2009. Laboratory and pilot scale soil washing of PAH and arsenic from a wood preservation site: changes in concentration and toxicity. Journal of Hazardous Materials, 172(2-3): 1033-1040.

Ellis D E, Hadley P W. 2009. Sustainable remediation white paper—integrating sustainable principles, practices, and metrics into remediation projects. Remediation Journal, 19(3): 5-114.

Epstein D, Jackson R, Braithwaite P. 2011. Delivering London 2012: sustainability strategy. Proceedings of ICE-Civil Engineering, 164(5): 27-33.

Finnveden G, Hauschild M Z, Ekvall T, et al. 2009. Recent developments in life cycle assessment. Journal of Environmental Management, 91(1): 1-21.

Frischknecht R, Jungbluth N. 2007. Overview and methodology. ecoinvent report No. 1, Dubendorf.

FRTR. 2002. Remediation technologies screening matrix and reference guide (4th Edition). Federal Remediation Technologies Roundtable.

Frutos F J, Pérez R, Escolano O, et al. 2012. Remediation trials for hydrocarbon-contaminated sludge from a soil washing process: Evaluation of bioremediation technologies. Journal of Hazardous Materials, 199(2): 262-271.

Goedkoop M, Heijungs R, Huijbregts M, et al. 2013. ReCiPe 2008, a life cycle impact assessment method which comprises harmonised category indicators at the midpoint and the endpoint level. Report I: Characterisation.

Gove L, Berry M. 2009. Optimisation of polyelectrolyte dose during sludge dewatering.

Harbottle M J, Al-Tabbaa A, Evans C W. 2007. A comparison of the technical sustainability of *in situ* stabilisation/solidification with disposal to landfill. Journal of Hazardous Materials, 141(2): 430-440.

Harbottle M J, Al-Tabbaa A, Evans C W. 2008. Sustainability of land remediation, Part 2: impact assessment. Proceedings of the Institution of Civil Engineers-Geotechnical Engineering, 161(3): 117-127.

Hauschild M Z. 2005. Assessing environmental impacts in a life-cycle perspective. Environmental Science & Technology, 39(4): 81A-88A.

Hayes D F, Je C H. 2000. DREDGE module user's guide. University of Utah: Department of Civil and Environmental Engineering.

Hernández-Espriú A, Sánchez-León E, Martínez-Santos P, et al. 2013. Remediation of a diesel-contaminated soil from a pipeline accidental spill: enhanced biodegradation and soil washing processes using natural gums and surfactants. Journal of Soils and Sediments, 13(1): 152-165.

Holland K, Karnis S, Kasner D A, et al. 2013. Integrating remediation and reuse to achieve whole-system sustainability benefits. Remediation Journal, 23(2): 5-17.

Holland K S. 2011. A framework for sustainable remediation. Environmental Science & Technology, 45(17): 7116-7117.

Hou D. 2011. Vision 2020: more needed in materials reuse and recycling to avoid land contamination. Environmental Science & Technology, 45(15): 6227-6228.

Hou D, Al-Tabbaa A. 2014. Sustainability: a new imperative in contaminated land remediation. Environmental Science and Policy, 39(5): 25-34.

Hou D, Al-Tabbaa A, Guthrie P, et al. 2012. Sustainable waste and materials management: national policy and global perspective. Environmental Science & Technology, 46(5): 2494-2495.

Hou D, Leu R J. 2009. Optimizing the remedial process at a petroleum hydrocarbon contaminated site using a three-tier approach. Journal of Environmental Engineering, 135(11): 1171-1180.

HSE. 2013. Health and safety executive annual statistics report. Dublin: Health and Safety Executive.

ISO. 2006. ISO 14040: Environmental management—life cycle assessment—principles and framework. Environmental Management, 3: 28.

ITRC. 2011. Green and sustainable remediation: state of the science and practice. ITRC. Washington DC: Interstate Technology & Regulatory Council.

Joshi S. 1999. Product environmental life-cycle assessment using input-output techniques. Journal of Industrial Ecology, 3(2-3): 95-120.

Kim D H, Hwang B R, Moon D H, et al. 2013. Environmental assessment on a soil washing process of a Pb-contaminated shooting range site: a case study. Environmental Science and Pollution Research, 20(12): 1-8.

LBN. 2011. Stratford metropolitan masterplan. London: London Borough of Newham.

Lemming G, Hauschild M Z, Bjerg P L. 2010a. Life cycle assessment of soil and groundwater remediation technologies: literature review. The International Journal of Life Cycle Assessment, 15(1): 115-127.

Lemming G, Hauschild M Z, Chambon J, et al. 2010b. Environmental impacts of remediation of a trichloroethene-contaminated site: life cycle assessment of remediation alternatives. Environmental Science and Technology, 44(23): 9163-9169.

Lenzen M. 2000. Errors in conventional and input-output—based life—cycle inventories. Journal of Industrial Ecology, 4(4): 127-148.

Lesage P, Ekvall T, Deschênes L, et al. 2007a. Environmental assessment of brownfield rehabilitation using two different life cycle inventory models, Part 2: case study. The International Journal of

Life Cycle Assessment, 12: 497-513.
Lesage P, Ekvall T, Deschenes L, et al. 2007b. Environmental assessment of brownfield rehabilitation using two different life cycle inventory models, Part 1: methodological approach. International Journal of Life Cycle Assessment, 12: 391-398.
Luttik J. 2000. The value of trees, water and open space as reflected by house prices in the Netherlands. Landscape and Urban Planning, 48(3-4): 161-167.
Mattila T J, Pakarinen S, Sokka L. 2010. Quantifying the total environmental impacts of an industrial symbiosis-a comparison of process-, hybrid and input-output life cycle assessment. Environmental Science & Technology, 44(11): 4309-4314.
McNally J. 2012. Drivers of cost and price for dredging. Washington: Manson Construction Co.
Mihelcic J R, Crittenden J C, Small M J, et al. 2003. Sustainability science and engineering: the emergence of a new metadiscipline. Environmental Science & Technology, 37(23): 5314-5324.
Morais S A, Delerue-Matos C. 2010. A perspective on LCA application in site remediation services: critical review of challenges. Journal of Hazardous Materials, 175(1-3): 12-22.
Mulligan C N, Fukue M, Sato Y. 2010. Sediments contamination and sustainable remediation. Florida: CRC Press.
NAVFAC. 2011. Sitewise version 2 user guide. NAVFAC. Naval Facilities Engineering Command, Engineering Service Center, Port Hueneme, CA.
Ness B, Urbel-Piirsalu E, Anderberg S, et al. 2007. Categorising tools for sustainability assessment. Ecological Economics, 60(3): 498-508.
NICOLE. 2008. Report of the NICOLE/SAGTA workshop: sustainable remediation. Utrecht, The Netherlands: Network for Industrially Contaminated Land in Europe.
O'Gorman S, Bann C, Caldwell V. 2009. The benefits of inland waterways. Defra and the Inland Waterways Advisory Council.
ODA. 2007a. Environmental statement annexure, transport assessment, olympic, paralympic & legacy transformation planning applications. Olympic Delivery Authority.
ODA. 2007b. Olympic, Paralympic & legacy transformation planning applications, Volume 5C environmental statement regulation 19 further information, appendix b-socio-economic and community effects.
ONS. 2009. Indexes to the UK standard industrial classification of economic activities 2007. Newport, South Walse, UK: Office for National Statistics.
ONS. 2010a. Annual abstract of statistics. Newport, South Walse, UK: Office for National Statistics.
ONS. 2010b. Annual business inquiry, 1995-2007 National Results. Newport, South Walse, UK: Office for National Statistics.
ONS. 2011a. Blue book 2011: reclassification of the UK supply and use tables. Newport, South Walse, UK: Office for National Statistics.
ONS. 2011b. United Kindom input-output analytical tables 2005. Newport, South Walse, UK: Office for National Statistics.
ONS. 2012a. Input-output supply and use tables, 2012 edition. Newport, South Walse, UK: Office for National Statistics.
ONS. 2012b. UK environmental accounts, 2012. Newport, South Walse, UK: Office for National Statistics.
ONS. 2013. CPI and RPI reference tables, January 2013. Newport, South Walse, UK: Office for National Statistics.
Owsianiak M, Lemming G, Hauschild M Z, et al. 2013. Assessing environmental sustainability of remediation technologies in a life cycle perspective is not so easy. Environmental Science &

Technology, 47(3): 1182-1183.

PBA & LDA. 2011. Lower lea valley waterspace strategy. Peter Brett Associates LLP and LDA Design Consulting LLP.

Peng S, Wu W, Chen J. 2011. Removal of PAHs with surfactant-enhanced soil washing: influencing factors and removal effectiveness. Chemosphere, 82(8): 1173-1177.

Petruzzi N M. 2011. A case study on the evaluation and implementation of green and sustainable remediation principles and practices during a RCRA corrective action cleanup. Ground Water Monitoring & Remediation, 31(2): 63-71.

PLA. 2013. Sampling of dredged material for sediment quality in the port of London.

Pope J, Annandale D, Morrison-Saunders A. 2004. Conceptualising sustainability assessment. Environmental Impact Assessment Review, 24(6): 595-616.

Pretty J N, Mason C F, Nedwell D B, et al. 2003. Environmental costs of freshwater eutrophication in england and wales. Environmental Science & Technology, 37(2): 201-208.

Ruiz C E, Aziz N M, Schroeder P R. 2001. RECOVERY: a contaminated sediment-water interaction model. Environmental Modeling & Assessment, 6(3): 151-158.

Sharrard A L, Matthews H S, Ries R J. 2008. Estimating construction project environmental effects using an input-output-based hybrid life-cycle assessment model. Journal of Infrastructure Systems, 14(4): 327-336.

Sleeswijk A W, van Oers L F C M, Guinée J B, et al. 2008. Normalisation in product life cycle assessment: an LCA of the global and European economic systems in the year 2000. Science of the Total Environment, 390(1): 227-240.

Snook D L, Whitehead P G. 1999. Water quality and ecology of the River Lee: mass balance and a review of temporal and spatial data. Hydrology and Earth System Sciences, 8(4): 636-650.

Sparrevik M, Barton D N, Bates M E, et al. 2012. Use of stochastic multi-criteria decision analysis to support sustainable management of contaminated sediments. Environmental Science & Technology, 46(3): 1326-1334.

Sparrevik M, Ellen G J, Duijn M. 2011. Evaluation of factors affecting stakeholder risk perception of contaminated sediment disposal in Oslo harbor. Environmental Science & Technology, 45(1): 118-124.

Suer P, Andersson-Sköld Y. 2011. Biofuel or excavation?-Life cycle assessment (LCA) of soil remediation options. Biomass and Bioenergy, 35(2): 969-981.

Suh S, Lenzen M, Treloar G J, et al. 2004. System boundary selection in life-cycle inventories using hybrid approaches. Environmental Science & Technology, 38(3): 657-664.

Sun M, Luo Y, Teng Y, et al. 2013. Remediation of polycyclic aromatic hydrocarbon and metal-contaminated soil by successive methyl-β-cyclodextrin-enhanced soil washing-microbial augmentation: a laboratory evaluation. Environmental Science and Pollution Research, 20(2): 976-986.

SuRF-UK. 2009. A review of published sustainability indicator sets: how applicable are they to contaminated land remediation indicator-set development? Contaminated Land: Applications in Real Environments, London, UK.

SuRF-UK. 2010. A framework for assessing the sustainability of soil and groundwater remediation. CLAIRE. Contaminated Land: Applications in Real Environments, London, UK.

Treloar G J, Love P E D, Holt G D. 2001. Using national input-output data for embodied energy analysis of individual residential buildings. Construction Management & Economics, 19(1): 49-61.

UNEP/SETAC. 2009. Guidelines for social life cycle assessment of products. United Nations

Environment Programme.
USEPA. 1973. Benefits of water pollution control on property values, EPA-600/5-73-005.
USEPA. 1995. BESCORP soil washing system for lead battery site treatment: application anaysis report. Washington DC: United States Environmental Protection Agency.
USEPA. 2010. Superfund green remediation strategy. USEPA. Washington DC: United States Environmental Protection Agency.
van Zelm R, Huijbregts M A J, van de Meent D. 2009. USES-LCA 2.0—a global nested multi-media fate, exposure, and effects model. The International Journal of Life Cycle Assessment, 14(3): 282-284.
Volkwein S, Hurtig H W, Klöpffer W. 1999. Life cycle assessment of contaminated sites remediation. The International Journal of Life Cycle Assessment, 4(5): 263-274.
Wiedmann T O, Suh S, Feng K, et al. 2011. Application of hybrid life cycle approaches to emerging energy technologies-the case of wind power in the UK. Environmental Science & Technology, 45(13): 5900-5907.
Wood R, Handley J. 1999. Urban waterfront regeneration in the Mersey Basin, North West England. Journal of Environmental Planning and Management, 42(4): 565-580.
Zou Z, Qiu R, Zhang W, et al. 2009. The study of operating variables in soil washing with EDTA. Environmental Pollution, 157(1): 229-236.

第四章　污染地下水修复的广义生命周期评价方法

本章介绍了针对污染地下水修复的广义生命周期评价方法，通过该方法研究评估了 4 种不同的地下水修复技术：泵提处理（pump and treat，P&T）、原位强化生物修复（*in situ* bioremediation，EIB）、可渗透反应墙（permeable reactive barrier，PRB）和原位化学还原（*in situ* chemical reduction，ISCR）。

第一节　背 景 介 绍

地下水污染是污染场地不可分割的一部分。本章探索了利用广义的生命周期评价模型评价 4 种常见的地下水修复技术：泵提处理、原位强化生物修复、可渗透反应墙及原位化学还原。传统的生命周期评价往往需要考虑场地的各方面条件，相比之下广义生命周期评价模型的应用范围更广，能够适用于不同的地区、污染羽面积、水文地质等场地条件。通过对常见技术的对比分析，可以帮助我们更好地了解广义生命周期评价在污染地下水修复领域的应用。目前，对原位化学还原技术和原位强化生物修复技术的生命周期评价研究十分有限。

在工业生产中，大量的氯化物被用作清洁的溶剂、黏合剂及其他化学制品的原料（Stroo and Ward，2010）。由于工业排放，氯化物成为土壤和地下水中最为常见的有机污染物（ATSDR，2007），因此本章选择具有代表性的氯乙烯作为目标污染物。

为了建立一个广义的场地概念模型，我们选择了 4 个典型的氯化物溶剂污染场地作为参考。表 4-1 显示了这些场地的特征信息及对应的修复方案。由于本章的目的并非个别的案例研究，因此场地的具体位置、业主单位等信息没有给出。

表 4-1　场地描述模型总结

	A 场地	B 场地	C 场地	D 场地
基础信息				
场地位置	美国南加利福尼亚	美国北加利福尼亚	美国北加利福尼亚	美国北加利福尼亚
场地面积/hm^2	14	153	11	2
主要关注的成分	四氯乙烯（PCE）及其子产物	PCE 及其子产物	三氯乙烯（TCE）	PCE 及其子产物

续表

	A 场地	B 场地	C 场地	D 场地
修复方案	通过原位土壤混合的原位化学消减（ISCR-ISM）	原位强化生物修复、泵提处理技术、植物修复，以及可渗透反应墙[a]	双相萃取伴随气压劈裂，以及地下水治理伴随空气剥离和颗粒活性炭（granular activated carbon，GAC）	原位强化生物修复技术伴随氢化合物释放（HRC），以及原位化学氧化（ISCO）
污染羽属性				
治理区平均宽度/m	30	100	50	40
治理区平均长度/m	30	150	80	40
蓄水层平均厚度/m	3.5	3	9	6
蓄水层上层平均深度/m	9	2.5	6	3
治理区最大浓度/（μg/L）	2 800	8 000	10 000	5 360
治理区平均浓度/（μg/L）	1 700	4 200	5 000	3 000
监控的自然降解区平均宽度/m	120	600	140	160
监控的自然降解区平均长度/m	180	650	700	100
监控的自然降解羽流区最大浓度/（μg/L）	460	3 200	4 100	516
监控的自然降解羽流区平均浓度/（μg/L）	100	300	600	150
水文情况				
透水性/（m/天）	24	5	50	1
地下水水力梯度/（m/m）	0.0015	0.003	0.005	0.004
达西流速/（m/年）	44	18	304	5

a. 可渗透反应墙在 B 场地的深层蓄水区使用；其他列在表中的信息只在 B 场地的浅层蓄水区使用

第二节 广义生命周期评价方法

一、通用的场地概念模型

本章的广义场地概念模型（generalized site conceptual model，GSCM）是基于上述 4 个典型的氯代烃污染场地建立的。如图 4-1 所示，广义场地概念模型中受污染的区域包括需要采取主动修复手段的污染区域，以及采取监测自然衰减

（monitored natural attenuation，MNA）进行治理的污染区域。监控的自然降解区域被定义为“目标污染物（constituent of concern，COC）的浓度超过水质标准（water quality objective，WQO），但主动治理的成本过高或者难以实现，因此需要采取被动手段实现修复的区域”。在这个监测区，风险管控的目标是通过监测污染羽内污染物的稀释和自然消减来实现的。

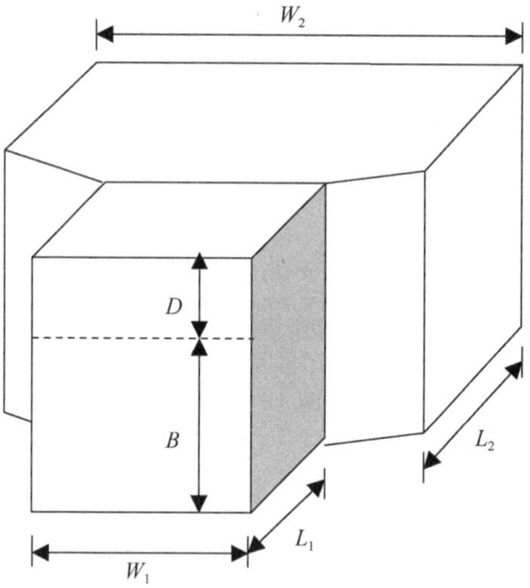

液位梯度	0.003
透水性	7 m/天
PCE 浓度	3000 ppb①
污染物在 PRB 中的半衰期	2.4 h
ZVI 在 PRB 中的有效期	15 年
在 EIB 中本地电子受体需求	0.02 kg H_2/m^3 水
ZVI 非选择性及应消耗量	280 mg ZVI/kg 土壤
场地工人平均往返行程	100 km

图 4-1 广义场地概念模型示意图

W_1：治理区的宽度（40 m）；W_2：监测自然衰减的污染羽宽度（270 m）；L_1：治理区长度（60 m）；L_2：监控的自然降解区长度（260 m）；D：到污染的蓄水层上部深度（4 m）；B：污染的蓄水层厚度（6 m）；ZVI：zero value iron，零价铁

除了在图 4-1 显示的污染羽尺寸，广义场地概念模型被一系列的参数特征化了，以描述场地的地理位置、水文情况、污染物的扩散及转移特性等。例如，模型中通过场地修复工作人员通勤的距离来描述污染场地的地理位置；通过地下水水力梯度和土壤渗透系数来描述污染场地的水文地质条件；通过地下水污染物的半衰期、电子受体类型等情况来描述污染场地的地球化学条件。这 4 个场地的典型参数被用于设计广义场地概念模型系统的参数范围。为了简化分析过程，将四氯乙烯（perchloroethylene，PCE）及其衍生物作为广义场地概念模型的建模污染物。

研究的场地均坐落于美国加利福尼亚州，场地规模从数公顷到百公顷不等。这 4 个场地的污染羽面积和水文条件也不尽相同。针对不同的场地特征，人们采取了从传统的泵提处理技术到创新的原位化学还原法等一系列不同的修复方案。虽然广义场地概念模型是围绕着所参考的场地情形而建立的，但为了使模型的兼

① 1 ppb=1×10^{-12}

容性更强，系统的参数范围被扩大了，如表 4-2 所示。

表 4-2　广义场地概念模型中系统参数范围

关键系统参数	参数范围	默认值	基准
污染羽尺寸			
治理区宽度/m	4～200	40	为了扩大模型参数范围，在研究的 4 个场地参数范围基础上乘以系数 0.5 和 2，得出现有参数范围。期望的治理区宽度最小值将被降低到 4 m，以包括更大范围的场地情形。默认值设置在几何学平均最大值和最小值的周围
治理区长度/m	15～300	60	
蓄水层起始深度/m	1～18	4	
蓄水层厚度/m	2～18	6	
监控的自然降解污染渗透区宽度/m	60～1200	270	
监测自然衰减污染渗透区长度/m	50～1400	260	
水文情况			
透水性/（m/天）	0.5～100	7	同上
液位梯度	0.0001～0.02	0.003	反映了在典型场地上历史数据的更广的可能性基础（包括临时变量）
化学及地理化学			
在零价铁治理时的 PCE 半衰期及子产物/h	0.1～10	2.4	Muegge，2008；Rabideau et al.，2005；USEPA，2000
零价铁在可渗透反应墙中的持久度/年	5、10、15、30	15	
在 EIB 中本地电子受体需求/（kg H_2/m^3 水）	0.002～0.2	0.02	信息来源于典型场地
在土壤混合时本地零价铁需求/（mg ZVI/kg 土壤）	30～3000	280	信息来源于典型场地及 Bozzini（2006）
场地地址			
场地工人往返距离/km	20～500	100	信息来源于典型场地

二、广义生命周期评价的功能单元及系统边界

本章所介绍的研究中，生命周期评价的目的是根据广义场地概念模型系统比较 4 个不同修复方案所带来的二次影响。其功能单元是在 30 年时间范围内，使目标污染物（四氯乙烯）及其衍生物（三氯乙烯、二氯乙烯及氯乙烯等）的浓度水平在广义场地概念模型所包含的区域内降低到加利福尼亚州饮用水最高污染浓度标准（Cal-MCL）的浓度（CDPH，2011）。四氯乙烯、三氯乙烯、二氯乙烯及氯乙烯所对应的加利福尼亚州最高污染浓度标准分别是 5 μg/L、5 μg/L、6 μg/L、

0.5 μg/L。对污染区域地下水的监测及相应的修复行为预计将持续 30 年。考虑到修复的生命周期末端（end of life，EOL）所需要采取的措施具有很大的不确定性，为了使修复生命周期末端的影响最小化，模型中没有考虑废弃物的产生。

生命周期评价的系统边界通常包含修复生命周期内的所有过程，即“从摇篮到坟墓”，然而这样一个完整的生命周期评价系统在实际应用中却很少，由于资料来源及时间的限制，往往难以获取生命周期内所有的数据。本章的生命周期评价模型没有包括修复系统中生命周期末端的过程（废弃物的处置），以及修复对工人造成的影响。对 4 种修复技术的系统边界描述详见本章第三节内容。

三、生命周期评价清单分析

本章的生命周期评价包含两个阶段。第一阶段，对每种修复方案所包含的过程进行验证，并在广义污染场地概念模型及有关文献的基础上，对修复的各个过程中使用的材料、能源消耗等进行测算。表 4-3 给出了此过程所使用的假设。第二阶段，通过已有的数据库来完成修复过程中所使用的资源和能源的消耗、环境排放等数据的输入，这些数据主要来源于 ecoinvent 数据库（Hischier and Weidema，2010）。由于修复工程的复杂性，对于不同的修复方案，一些细节上的不同对于环境二次影响的作用并不大，如零散设备、材料的生产和使用，因此这些过程在本章被忽略了。一个完整的生命周期评价用品清单列表——表 4-4 和表 4-5 显示了所有的资料来源及相关的假设。

四、生命周期评价方法

广义生命周期评价采用了美国环保局开发的“化学及其他环境影响消减和评价工具”（reduction and assessment of chemical and other environmental impact，TRACI）所使用的方法（Bare et al.，2002），TRACI 模型如图 4-2 所示。该方法属于生命周期评价中点分析方法，能够将各类环境影响分别进行量化，每种影响类型都有各自的量化单位。TRACI 方法中，影响类型包括：臭氧消耗、全球变暖、酸化、富营养化、毒雾形成、大气污染物、人体健康癌症类风险、人体健康非癌症类风险、生态毒性和化石燃料消耗。为了便于理解生命周期影响结果，各类影响均被归一化，归一化因子如表 4-6 所示，数据来源于美国环保局的数据库（Bare et al.，2006），代表了 1999 年美国的平均值。

图 4-3～图 4-5 显示了各种修复方案环境影响随着场地条件变化而变化的情况，环境影响分别用归一化后的人均影响和最终得分表示出来。表 4-7 显示了不同修复技术在材料使用和能耗方面造成的生态毒性影响。需要指出的是，因为这项研究的数据量较大，表中只显示了部分重要的结果。

表 4-3　修复过程总结和在生命周期清单中的假设

修复活动	泵提处理技术	原位强化生物修复技术	可渗透反应墙	原位土壤混合
时间轴	可操作 30 年	2 年内 3 次注入；持续监测 30 年	假设基底在耗尽时及时被补充（默认 15 年）；连续监测 30 年	连续监测 30 年
地底施工	抽水井的数量根据污染羽面积确定；钻井速率以 15m/天计；井直径为 15.2 cm；钻孔直径为 30.5 cm	假设单个注入井对污染羽的平均影响面积为 66 m^2；钻井速率以 20 m/天计；井直径为 10.2 cm；钻孔直径为 20.3 cm	土方挖掘速率以 400 m^3/天计	监测井直径为 3 ft①；土方挖掘速率以 400 m^3/天计
地底操作	假设用 2 in② 80PVC 管连接井头来泵水。如果井深不足 10 m，那么假设用 1 hp③（4 kg 钢）泵；如果井深在 10～25 m，那么假设用 2 hp（5 kg 钢）泵；如果井深在 25～36 m，那么假设用 3 hp（6 kg 钢）泵；每个泵每三年要换新一次。每个井头被模拟为 25 kg 的钢铁及 1 m^3 的水泥	充足的植物油注入地下形成了一个厌氧环境来刺激原位生物降解。根据场地的经验，一个安全系数 6 在计算植物油需要量的时候会被使用到	零价铁基板足以形成一个从蓄水层底部到地下水水面的一个垂直墙，它的宽度足以将 PCE 和它的子产物浓度治理到应用水标准。根据 Muegge（2008），安全系数为 3.5	假设零价铁使用量刚好满足土壤与地下水中 PCE 的治理需求
地表施工	参见表 4-4			
地表操作	假设颗粒活性炭（GAC）一旦到达吸收饱和就会被及时更换。假设两周进行一次对系统的检查和维护	假设干净的地下水被抽取了，并与植物油混合	假设零价铁与充足的干净土壤混合来填满一个 2 ft 宽的沟槽（Muegge，2008）	假设零价铁与水混合形成了浆，然后在原位土壤混合的过程中注入地下
监测井	假设至少有 5 个监测井为治理区服务，5 个监测井为监控的自然降解区服务；每增加 50 m 宽治理区需要增加一个附加监测井，每增加 2000 m^2 污染区需要增加一个监测井	假设至少有 5 个监测井为治理区服务，10 个监测井为监控的自然降解区服务；每增加 1200 m^2 污染区要增加一个监测井	假设每 30 m 可渗透反应墙要设置 3 个监测井；在监控的自然降解区至少设置 5 个监测井；每增加 2000 m^2 污染区要增加一个监测井	假设至少有 5 个监测井为治理区服务，5 个监测井为监控的自然降解区服务；每增加 1600 m^2 污染区要增加一个监测井

① 1 ft=3.048×10^{-1} m
② 1 in=2.54 cm
③ 1 hp=745.700 W

续表

修复活动	泵提处理技术	原位强化生物修复技术	可渗透反应墙	原位土壤混合
监测	5 年内每个监测井均需取季度样本；25 年内每个监测井都要取年度样本	5 年内每个监测井都要取季度样本；5 年内 80%的监测井都要取年度样本；20 年内 50%的监测井要取年度样本	5 年内每个监测井要取季度样本；5 年内每个监测井都要取年度样本；20 年内 50%的监测井要取年度样本	5 年内每个监测井要取季度样本；25 年内不是治理的区域要取年度样本

注：所有的假设都基于在 A 部分总结的 4 个场地的修复数据，或者参考文献里的资料

表 4-4　附加步骤生命周期清单假设

相关的修复方案	假设
泵提处理技术，原位强化生物修复技术，可渗透反应墙，原位土壤混合	用于安装监测井的钻探的蓝本为生产速度 20 m/天的空心干螺旋钻机。井的直径被假定为 5.1 cm，钻孔直径被假定为 20.3 cm
泵提处理技术，原位强化生物修复技术，可渗透反应墙，原位土壤混合	假设地下水样品是以每天 8 个样的速度分两组人收集的
泵提处理技术，原位强化生物修复技术，可渗透反应墙，原位土壤混合	典型的钻孔操作包括一个 4 人的工地小组
泵提处理技术	假设井内水位下降 80%，液面下降 25%，则浸润面是蓄水层厚度的 55%
泵提处理技术	地表施工：假设每口井与处理系统之间由 4 in 80PVC 运输管连接；治理系统被基于抽水流速按照参考文献中提及的样系统的比例模拟（Higgins and Olson，2009），但是样系统被局限在 20%和 5 倍之间
泵提处理技术	进行和维护（O&M）是由一个人进行的。每个月要收集三个 O&M 样品：流入水样、井内水样，以及流出水样
原位强化生物修复技术	注入涉及一个三人的场地小组。假设水油混合物以每个井 2 gal[①]/min 的速度注入，至多有 5 个井同时进行，使用一个 3 hp 的泵
可渗透反应墙	假设重新填补速率是 $200\ m^2/h$，至少需要 2 h 设置时间

① 1 gal（UK）=4.546 09 L

表 4-5　消耗和排放清单来源和假设

过程	排放清单来源和假设
电力	基于 ecoinvent 数据库（Hischier and Weidema，2010）。电力混合是美国特有的，基于 2004 年的数据
钢铁	基于 ecoinvent 数据库（Hischier and Weidema，2010）。高合金钢，不锈钢，18/8 铬钢，其运输过程取当地平均值，具体参数如下： 运输，卡车>16 t，车队平均：0.1 t·km 运输、货运、铁路：0.2 t·km
水泥	基于 ecoinvent 数据库（Hischier and Weidema，2010）。水泥，未指定种类，其运输过程取当地平均值，具体参数如下： 运输，卡车>16 t，车队平均：0.1 t·km 运输、货运、铁路：0.2 t·km
PVC	基于 ecoinvent 数据库（Hischier and Weidema，2010）。由悬浮法聚氯乙烯和乳液法聚氯乙烯两种典型类型组成，其运输过程取当地平均值，具体参数如下： 运输，卡车>16 t，车队平均：0.1 t·km 运输、货运、铁路：0.2 t·km
砂石/碎石	基于 ecoinvent 数据库（Hischier and Weidema，2010）。砾石，未指定种类，矿物形态为圆形和碎颗粒砾石混合物：79%圆石和 21%碎石，添加到一个地区仓库的交通情况： 运输，卡车>16 t，车队平均：0.1 t·km 运输、货运、铁路：0.2 t·km
铝	基于 ecoinvent 数据库（Hischier and Weidema，2010）。半成品铝；包括铸造铝合金锭的生产，将材料运输到工厂，然后运至地区仓库，以及废料处置。 运输，卡车>16 t，车队平均：0.101 61 t·km 运输、货运、铁路：0.203 22 t·km
植物油	基于 ecoinvent 数据库（Hischier and Weidema，2010）。植物油使用大豆油建模，半成品，数据来自美国的一个油厂，添加到一个地区仓库的交通情况： 运输，卡车>16 t，车队平均：0.1 t·km 运输、货运、铁路：0.2 t·km
铁	基于 ecoinvent 数据库（Hischier and Weidema，2010）。零价铁使用灰铸铁建模，因为两者的制造过程类似（Higgins and Olson，2009）。假设铁投入为 35%的废料和 65%的生铁。 运输，卡车>16 t，车队平均：0.1 t·km 运输、货运、铁路：0.2 t·km

续表

过程	排放清单来源和假设
颗粒活性碳	基于 ecoinvent 数据库（Hischier and Weidema，2010）。GAC 使用木炭建模，使用森林木材生产木炭，包括各种排放。添加到一个地区仓库的交通情况： 运输，卡车>16 t，车队平均：0.1 t·km 运输、货运、铁路：0.2 t·km
化学分析	能源和材料的使用以及化学分析中涉及的排放基于 USEPA 标准方法 8260 中的描述
卡车交通	基于 ecoinvent 数据库（Hischier and Weidema，2010）。运输卡车>16 t，其他过程包括车辆操作；生产，维护和废弃处置车辆；修建，维护，废弃道路
火车交通	基于 ecoinvent 数据库（Hischier and Weidema，2010）。货运，铁路，柴油，美国平均柴油火车货运运输，从欧洲数据中推断，包括车辆的操作、生产、维护及废弃，铁轨的修建、维护和废弃
场地工人接送车	基于 ecoinvent 数据库（Hischier and Weidema，2010）。厢式货车<3.5 t，其他过程包括车辆操作；车辆的生产、维护和废弃；道路的建设、维修和废弃
非运输排放	基于 ecoinvent 数据库（Hischier and Weidema，2010）。挖掘，液压挖掘机，包括润滑油和燃料的消耗及气体排放，单位以挖掘单位方量土计。由于钻井钻机在土方挖掘方面的效率远远低于挖掘机，当预估钻井钻机排放量时，要乘以系数 146。这个系数是基于在《场地使用手册》（*SiteWise User Guide*）上列明的操作数据（NAVFAC，2011）。依此类推，在预估推土机操作的排放量时，要乘以系数 0.42；在预估原位土壤混合的排放时，要乘以系数 6

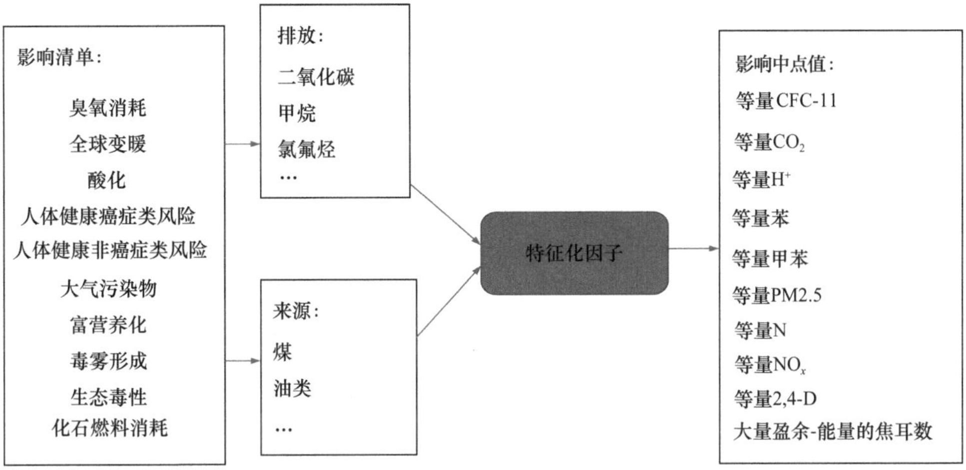

图 4-2　TRACI 模型（Bare et al.，2006）

表 4-6　TRACI 归一化因子（Bare et al.，2006）

影响类型清单	归一化因子
全球变暖/等量 kg CO_2	2.45×10^4
酸化/等量 H^+ mol	7.44×10^3
空气烟雾/等量 kg NO_x	1.21×10^2
富营养化/等量 kg N	1.80×10^1
人类健康：癌症/等量 kg 苯	2.58×10^{-1}
人类健康：非癌症/等量 kg 甲苯	1.47×10^3
生态毒性/等量 kg 2,4-D	7.38×10^1
臭氧消耗/等量 kg CFC-11	3.11×10^{-1}
化石类燃料消耗/余热 J	4.08×10^{-2}

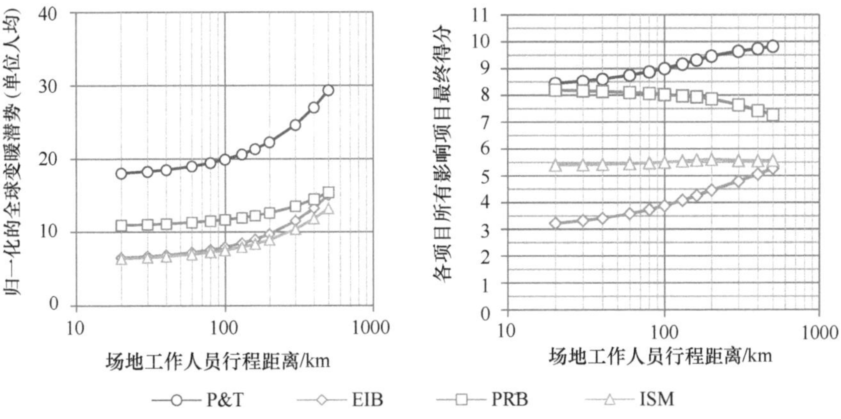

图 4-3　场地工作人员行程对修复造成的全球变暖潜势，以及各项修复技术总体可持续性得分的影响

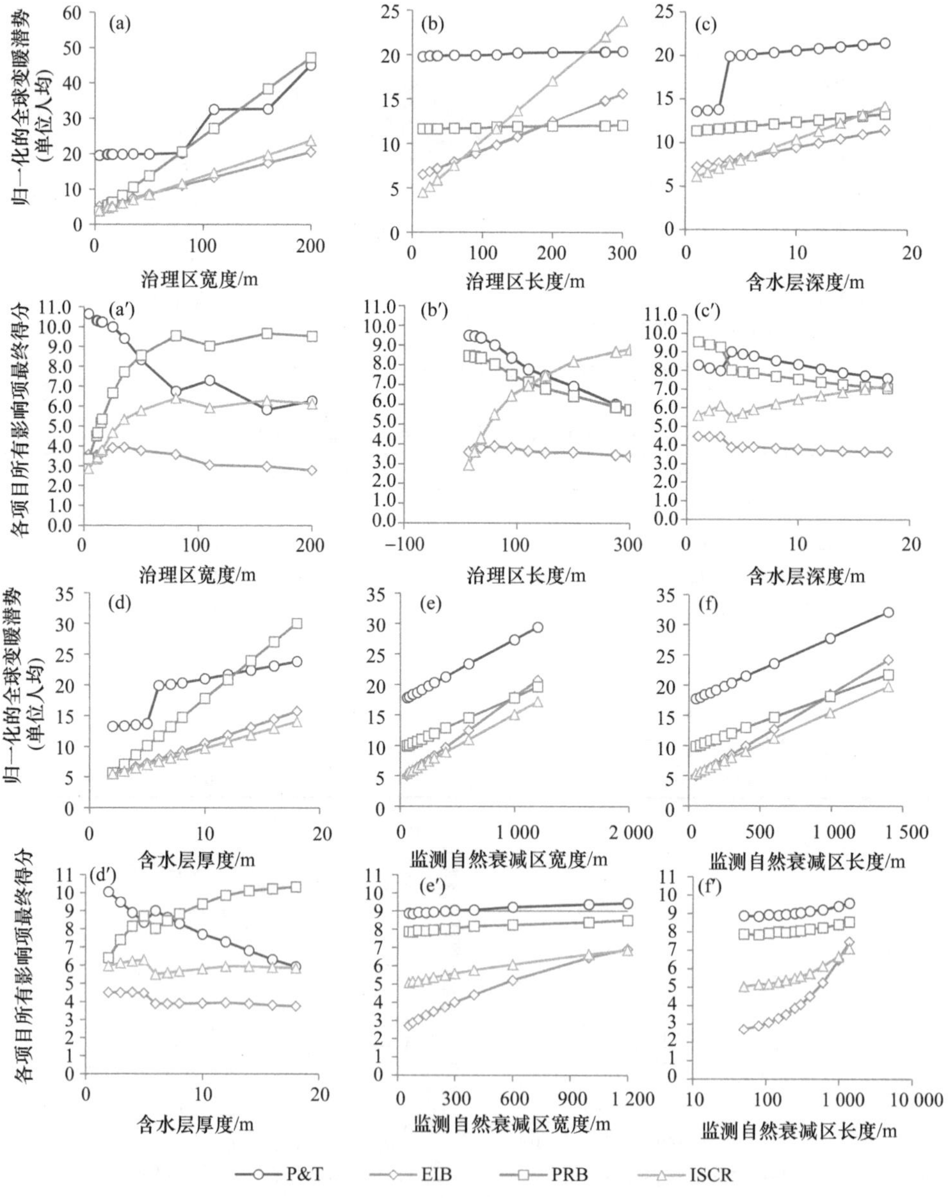

图 4-4　污染羽尺寸参数对修复造成的全球变暖潜势，以及各项修复技术总体可持续性得分的影响（3 倍权重）

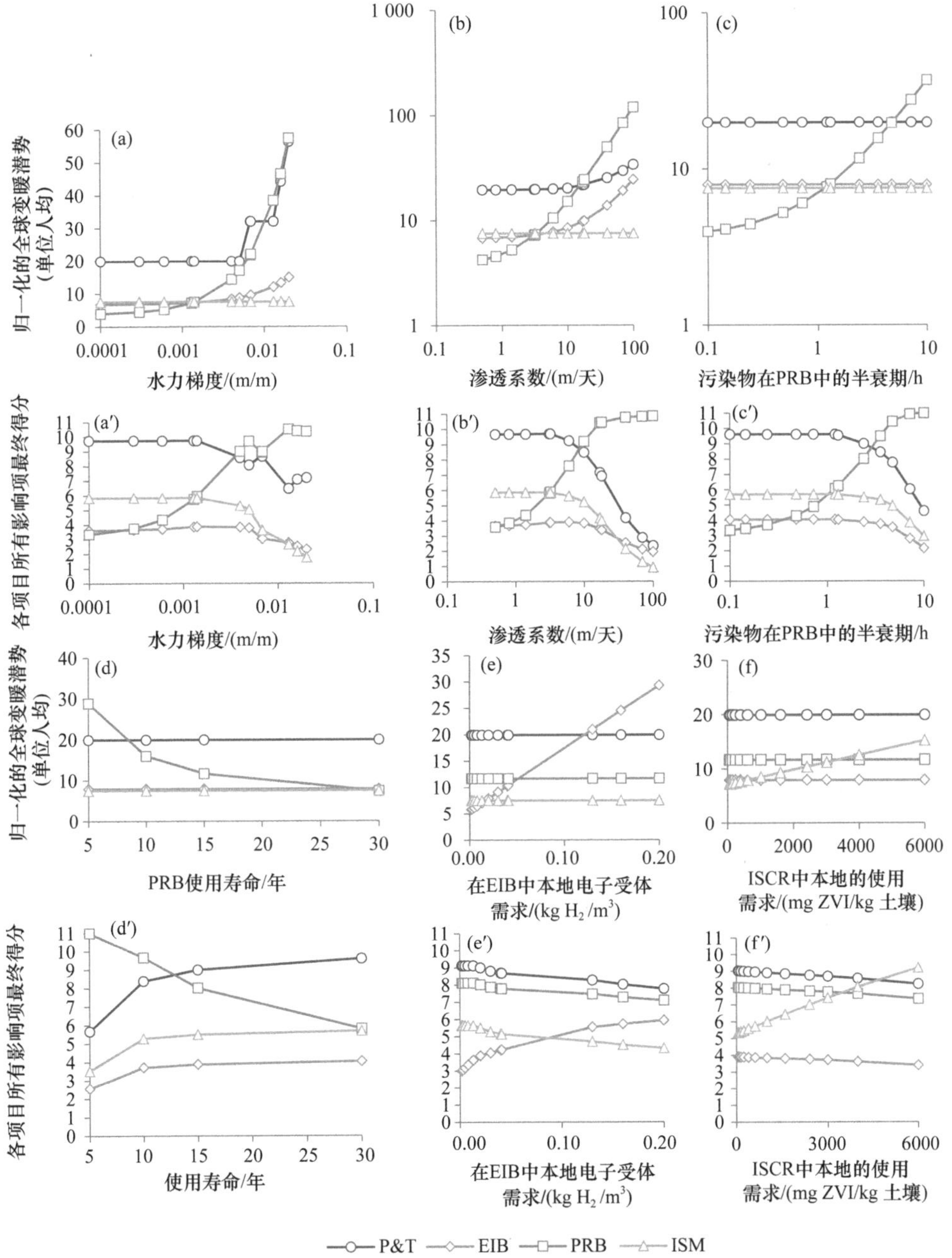

图 4-5　水文地理和化学特征对修复造成的全球变暖潜势，以及各项修复技术总体可持续性得分的影响（3 倍权重）

表 4-7　材料和能量消耗对生态毒性的影响

材料/行为类型	泵提处理技术		原位强化生物修复技术		可渗透反应墙技术		原位化学还原技术	
	等量 kg 2,4-D	%	等量 kg 2,4-D	%	等量 kg 2,4-D	%	等量 kg 2,4-D	%
施工、操作能量使用	2.2E+05	78	5.6E+01	0	0.0E+00	0	0.0E+00	0
场地工人行程	1.2E+04	4	9.5E+03	50	5.0E+03	2	7.6E+03	13
材料：钢材	1.5E+03	1	0.0E+00	0	0.0E+00	0	0.0E+00	0
材料：水泥	2.2E+03	1	4.5E+03	24	2.0E+03	1	2.4E+03	4
材料：PVC	5.8E+01	0	1.4E+02	1	3.7E+01	0	4.3E+01	0
材料：砂砾/石粒	5.5E+01	0	7.0E+01	0	1.7E+03	1	3.7E+01	0
挖掘、钻孔	1.1E+02	0	2.5E+02	1	1.3E+02	0	6.7E+03	12
材料：铝	1.1E+02	0	0.0E+00	0	0.0E+00	0	0.0E+00	0
材料：植物油	0.0E+00	0	−3.6E+04	−189	0.0E+00	0	0.0E+00	0
材料：铁-零价铁	0.0E+00	0	0.0E+00	0	1.9E+05	85	9.9E+03	17
材料：GAC	−4.2E+03	−1	0.0E+00	0	0.0E+00	0	0.0E+00	0
化学分析	4.9E+04	17	4.0E+04	212	2.6E+04	11	3.0E+04	53
总分	2.8E+05	100	1.9E+04	100	2.3E+05	100	5.7E+04	100

注：百分数（%）为各种材料的使用或生产过程对不同技术的生态毒性影响贡献度

五、权重及解释

广义生命周期评价仍遵循生命周期评价国际标准 ISO 14040 和 ISO 14044 的相关要求（ISO，2006a，2006b）。TRACI 模型中的各类影响结果通过下列公式转化形成具有统一单位的得分：

$$S = \sum \omega_i S_i = \sum \frac{S_i}{T_i}$$

式中，S 为修复的总影响分数；ω_i 为第 i 项影响类型权重；S_i 为第 i 项影响类型的归一化影响结果；T_i 为所比较的修复方案中第 i 项影响类型影响最大的结果。

基于该方法，对各影响类型进行归一化的结果可以用来比较同一修复方案所造成的各类影响的大小，对各影响类型加权计算后的总影响得分可以用来比较不同修复方案间的二次影响大小，影响得分越低，修复方案越理想。公式中的权重取值在 0 到 1 之间（注：生态毒性是一个例外，它的影响值是负值，因此它的权重分数也可能是负的），在很大程度上取决于利益相关方的偏好。本章权重的取值取决于修复对利益相关方的效益，而非各影响类型的重要性，主要是因为利益相关方往往难以判断各种影响类型的相对重要程度。为了更好地理解这个权重取值对评价结果的影响，在结果敏感性分析中，全球变暖、人类健康癌症类风险及富营养化被给予了原来 3 倍的权重取值，作为对照组。

第三节　污染地下水修复技术

本节主要针对 4 种修复方案进行介绍：①通过气提系统和颗粒活性炭对地下水进行泵提处理（P&T）；②通过植物油直接注入促进地下水污染物的原位强化生物修复（EIB）；③通过可渗透反应墙与零价铁联合修复治理（PRB）；④通过零价铁实现原位化学还原修复（ISCR）。

除了表 4-3～表 4-5 所示的假设外，可渗透反应墙施工被假设为使用连续的液压挖掘机进行挖掘，因为这是在北美地区可渗透反应墙施工中最常见的方法（Di Molfetta et al.，2006）。在欧洲，使用液压挖掘机和起重机的泥浆挖掘更为常见，但是为了简化，本次研究没有在模型中体现这种方式。抽水井的网络布局是基于水文学和水文地质学的参数设计的，参数包括地下水梯度、透水性、渗透率和最大水面降落度。在现在这项研究中，我们使用了由 Javandel 和 Tsang（1986）与 Gefell 等（1994）呈现的理论来得出具体井的数量及抽水速率。

一、泵提处理技术

在泵提处理方案中，设置的地下水抽提井平均分布在污染治理区域内。污染地下水通过泵抽提至空气剥离系统，形成蒸汽后经过颗粒活性炭（granular activated carbon，GAC）吸附，去除所有的污染物，之后排入附近的水体。纵观修复历史，虽然泵提处理技术的修复效率较低，但在地下水修复中仍被广泛采用，有 40%的 Superfund 地下水项目使用了该技术（Stroo and Ward，2010），因此泵提处理方案在本章的研究中作为了基准对照方案。

二、原位强化生物修复技术

在原位强化生物修复方案中，植物油被注入污染地下水后，蓄水层的溶解氧迅速被消耗，氧化还原电位（ORP）降低，促进了微生物对氯化物的厌氧降解还原过程。在这个过程中，通过直接厌氧还原脱氯、共代谢厌氧还原脱氯、厌氧氧化和生物降解的共同作用，四氯乙烯逐步被降解成三氯乙烯、二氯乙烯和氯乙烯，最终生成乙烯和乙烷（AFCEE，2004）。有研究表明，通过原位强化生物修复，每注入 1 kg 植物油会经过厌氧代谢过程产生 0.1 kg 甲烷（Lemming et al.，2010）。然而实际应用中该技术并没有表现得那么高效（AFCEE，2004）。本章原位强化生物修复技术的修复效率通过在现场的中试试验进行论证确定。

三、可渗透反应墙技术

在可渗透反应墙修复方案中，将阻隔材料放置在与地下水径流方向垂直的方向上，当地下水流过可渗透反应墙时，污染物被拦截并与附着在反应墙上的修复材料发生反应。该方案中，可渗透反应墙技术是由混合了零价铁的清洁土层构成的。根据美国环保局2002年的报告，美国55%的可渗透反应墙案例使用了零价铁（USEPA，2002）。2008年，加利福尼亚州有毒物质控制署（Cal-DTSC）开展的研究表明，美国高达73%的可渗透反应墙修复案例使用了零价铁（Muegge，2008）。零价铁能够高效地降解半衰期在1.5 h至数小时的大部分氯代烃（USEPA，2000）。含有零价铁可渗透反应墙技术能够依靠地下水的流动，以及修复剂的缓释持续工作10～30年，因此相比于传统的地下水抽提处理更加具有经济可行性（ITRC，2005）。

四、原位化学还原技术

在原位化学还原修复方案中，零价铁与污染土壤混合，通过氢解与β-还原途径，实现对氯代烃的原位还原降解（Li et al.，2006；Magnuson et al.，1998）。原位土壤混合技术早在20世纪60年代就在岩土工程领域得到了应用，但其近几年来刚刚被用于环境修复领域（Al-Tabbaa et al.，2011），目前对于原位土壤混合原位化学还原技术的生命周期评价研究十分有限。

五、4种修复技术的研究与比较

对特定场地修复案例的生命周期评价研究表明，上述4种修复手段均有不同的特点及局限性。表4-8中列举了关于不同修复案例的相关研究结果。

图4-6描述了生命周期评价的系统边界：对于泵提处理技术（P&T），系统边界包含了取水井及监测井的设置、治理系统及运输管道的施工、水及电力系统的供应、修复系统的维护、活性炭的替换和地下水的监测；对于原位强化生物修复（EIB），系统边界包含了药剂添加井和监测井的安装、生物酶和药剂的供给和地下水的监测；对于可渗透反应墙（PRB），系统边界包括零价铁的供应、可渗透反应墙的修筑、监测井和地下水监测系统的安装；对于原位化学还原修复（ISCR），系统边界包括零价铁的供应、原位混合装置的运行和地下水的监测。

表 4-8 比较现存的关于泵提处理、可渗透反应墙、原位强化生物修复及原位化学修复的生命周期评价研究

研究项目地址以及作者	处理技术	研究内容及结果	研究局限性
未知场地（Vignes，2001）	泵提处理	这项研究对泵提处理产生的废水的处理进行了对比：直接排放至河流，真空蒸汽抽提和活性炭处理。研究建议对活性炭处理系统进行优化以减少生命周期的环境影响	真空蒸汽抽提在处理泵提处理产生的废水时使用较少，因此该研究结论可能不具有普遍性
德国卡尔斯鲁厄（Bayer and Finkel，2006）	泵提处理、可渗透反应墙	研究发现钢材是漏斗式和门式可渗透反应墙产生二次影响的重要原因。对泵提处理技术和可渗透反应墙来说，活性炭是是否有相对优势的附加决定因素。这些技术的相对优势依靠抽取速率、GAC 消耗量和施工手段	这项研究并没有直接比较泵提技术与可渗透反应墙技术。它着重研究了二次影响的主要产生因素。作者还指出，在可渗透反应墙中使用零价铁以及连续墙可能会导致不一样的比较结果。再者，不确定性分析并不适用于每个场地的特殊性，而场地的特征是抽取速率、GAC 消耗量等的决定因素
加拿大魁北克（Cadotte et al.，2007）	泵提处理、原位化学还原修复	研究发现，基于原位的化学修复方法产生最大的生命周期影响；泵提处理技术的影响小于原位化学修复，但是仍然比基于生物细层岩的修复方法影响要大	因为涉及一些不是一直沿用在 ISCT（*in-situ* chemical treatment，原位化学修复）中的操作，这项研究选取的案例不属于典型的 ISCT 修复案例：①泵提处理技术假设能够运行 300 年，但是这个系统却没有考虑替换因素；②原位化学还原修复使用了超过 100 个永久性的钢铁墙以及大量的氧化剂，依据以往的实际项目经验来看很不现实
美国特拉华（Higgins and Olson，2009）	泵提处理、可渗透反应墙	这项研究表明，可渗透反应墙的生命周期影响主要来自于零价铁媒介的需求以及建设时的能量需求。而泵提处理技术的生命周期影响主要来自于操作使用时的能量需求。总体来说，在零价铁的寿命到达 10 年时，可渗透反应墙是一个在所有影响门类下总的来说优于泵提处理的技术	这项研究以修复媒介寿命作为主要参数来比较可渗透反应墙和泵提处理技术谁更具有竞争力；但是，没有考虑到可能影响竞争力的其他场地特征
丹麦哥本哈根（Lemming et al.，2010）	原位强化生物修复	与原位热脱附或者挖掘后异地处置相比，使用原位生物修复可以在很大程度上减少修复生命周期影响。但是原位强化生物修复还是面临着时间限制、技术的不确定性以及因为原位生物修复而产生的本地的毒素副产物的困扰	生命周期评价是根据场地特征而进行的，不具有普适性
虚构场地（Mak and Lo，2011）	可渗透反应墙	研究发现，基于沟渠施工的方法相比于基于沉箱的方法可以减少环境二次影响；使用零价铁和有氧化涂层的铁沙混合物相比于零价铁与石英沙的混合物能够减少环境二次影响	可渗透反应墙法没有和其他修复方法相比较，无法判断采用不同施工方法，或是不同反应介质时，与其他修复技术（如泵提处理）相比，哪种的环境二次影响更小

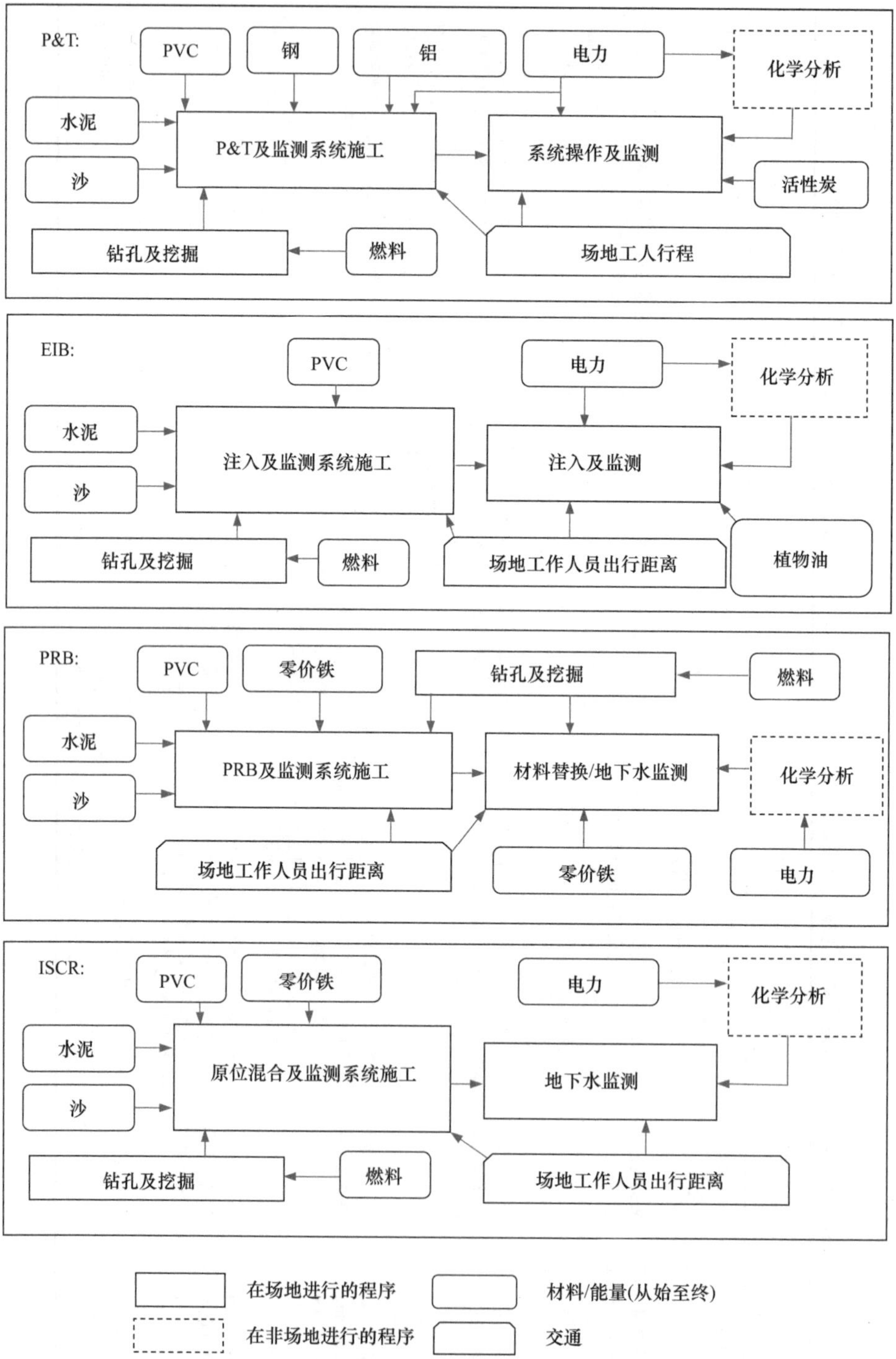

图 4-6　4 个修复方案的最终产物系统，显示了主要的修复阶段和投入

第四节　生命周期评价结果与讨论

一、场地特性与修复二次影响的关系

（一）污染羽尺寸的影响

污染羽尺寸与修复二次影响的关系体现在 6 个方面：污染治理区域宽度、污染治理区域长度、污染羽蓄水层深度（起始深度）、污染羽厚度、监测自然衰减区域的长度和宽度。图 4-4（a′）～（f′）显示了污染羽尺寸对 4 种修复方案总体得分的影响。在各类影响类型中，全球变暖潜势往往被视为重要的环境影响因素（Bare et al.，2006），因此作为单影响类型分析对象。图 4-4（a）～（f）显示了污染羽尺寸对 4 种修复方案带来的全球变暖潜势的影响。

结果显示，4 种修复方案中，可渗透反应墙对污染治理区域宽度及蓄水层厚度最为敏感，因为可渗透反应墙的二次影响主要来自于零价铁的使用，而零价铁的用量则取决于污染治理区域宽度和蓄水层厚度。显然，随着污染治理区域宽度和蓄水层厚度的增加，可渗透反应墙相比于泵提处理，将会造成更大的二次影响。尽管有研究表明可渗透反应墙在降低环境影响方面相对更有优势（Bayer and Finkel，2006；Higgins and Olson，2009），但在具体决策时必须考虑场地条件，如不同修复方案可能适用于不同污染羽尺寸的场地。相比于污染羽尺寸，原位强化生物修复对监测自然衰减区域尺寸的敏感度更高，因为原位强化生物修复是一种主动修复技术，主动修复类型的技术不依赖于污染羽的扩散使污染物与修复材料接触，而是根据污染区域的尺寸进行修复。另外，原位强化生物修复需要对治理区域及自然衰减区域进行长期监测，因此其对监测自然衰减区域的尺寸更为敏感。原位化学还原修复与原位强化生物修复类似，均属于主动修复类技术，但是相比于前者，原位化学还原修复对污染治理区域尺寸更加敏感。泵提处理技术则与可渗透反应墙技术类似，但是其对污染治理区域宽度、蓄水层的深度和厚度的敏感性呈非连续的阶梯状分布，因为取水泵和取水井是分散分布的。总体来看，泵提处理技术的整体影响评分会随着治理区域尺寸的增大而增高，因为泵提处理的成本投入较高，随着污染场地尺寸的增大，其边际成本随之降低；当污染治理区域长度和蓄水层深度增加时，可渗透反应墙修复变得更有优势，但随着污染治理区域宽度和蓄水层厚度的增加，其二次影响随之升高；当自然衰减区域尺寸增加时，原位强化生物修复的二次影响较其他修复方案更大。

（二）水文因素的影响

水力梯度和水力渗透系数的变化会改变修复的二次影响。从图 4-5（a）和

图 4-5（b）可以看出，4 种修复方案中可渗透反应墙对水文因素最为敏感，其造成的全球变暖潜势随着水文参数的变化呈指数形式变化。相反，原位化学还原修复对这些影响因素并不敏感，因为原位化学还原的设计主要取决于污染治理区域的尺寸及其地理化学条件。当区域内的水力渗透系数较高时，通常优先考虑采用可渗透反应墙进行修复，因为高水力渗透系数能够使可渗透反应墙具有更好的污染物捕获能力（Gavaskar et al.，2000）。但是，当把修复二次影响纳入考虑后，原位化学还原修复可能会比诸如可渗透反应墙的被动修复方案更加理想。原位强化生物修复和泵提处理修复对水文地质条件也十分敏感，因为原位强化生物修复技术需要使用植物油，而植物油需要通过地下水流动进行扩散；采用泵提处理的方式，抽水井的设置也依赖于场地的水力梯度和水力渗透系数。图 4-5（a′）和图 4-5（b′）显示，当水力梯度和水力渗透系数均较低时，可渗透反应墙是最理想的修复方案；当水力梯度和水力渗透系数处于中间值时，原位强化生物修复是最理想的修复方案；当水力梯度和水力渗透系数均较高时，原位化学还原技术是最理想的修复方案；当水力梯度和水力渗透系数进一步升高时，泵提处理则是最理想的修复方案。

（三）地理和化学条件的影响

图 4-4（c）至图 4-4（f′）显示了地理化学因素的改变对于修复二次影响的影响。当污染物的半衰期低于 1 h 时，可渗透反应墙带来的全球变暖潜势影响最低，但当污染物的半衰期大于 5 h 时，可渗透反应墙带来的全球变暖潜势影响最高。原位强化生物修复带来的全球变暖潜势受到电子受体的影响，原位化学还原修复带来的全球变暖潜势受到药剂用量的影响，两者的变化均呈正相关趋势。对于单个修复方案，并非所有的理化条件都会对其造成影响，但是单一理化条件的改变会影响所有修复方案的总体影响得分。有研究表明，地下水中的成分与可渗透反应墙的二次影响紧密相关（Mak and Lo，2011），其同样也会影响其他 3 种修复方案的二次影响。

（四）场地位置因素的影响

场地的地理位置是修复二次影响的重要决定因素，尤其是对于需要大量材料运输的修复方案（Al-Tabbaa et al.，2007；Gallagher et al.，2013）。在现有的一些生命周期评价研究中，计算生命周期影响时往往忽略了修复方案中与监测、采样相关的运输过程（Bayer and Finkel，2006；Higgins and Olson，2009），但实际上这部分的影响可能十分可观。图 4-3 显示，当行程的距离增加时，所有的修复方案二次影响都会增加，但可渗透反应墙相比于泵提处理及原位强化生物修复变得更加理想。这主要是因为原位强化生物修复的大部分二次影响与地下水监测相关，由于该方案的修复周期长，在生物降解污染物的同时会产生有毒副产物，因此对地下水的监测频次要求较高，导致场地工作人员行程在30年的时间期限内累积，进而造成大量的温室气体排放。对于泵提处理技术，除了地下水监测的行程外，还要考虑到修复期间设备的维护保养所需要的行程，因此行程距离对泵提处理的影响也较大。

二、材料与能源消耗分析

本章针对4种修复方案在施工和操作过程中材料和能量的消耗进行了评估。图4-7显示了这4种修复方法在基准的广义生命周期评价模型下，施工操作、材料消耗、工作人员的通勤、挖掘钻孔等过程对于生命周期影响的占比。

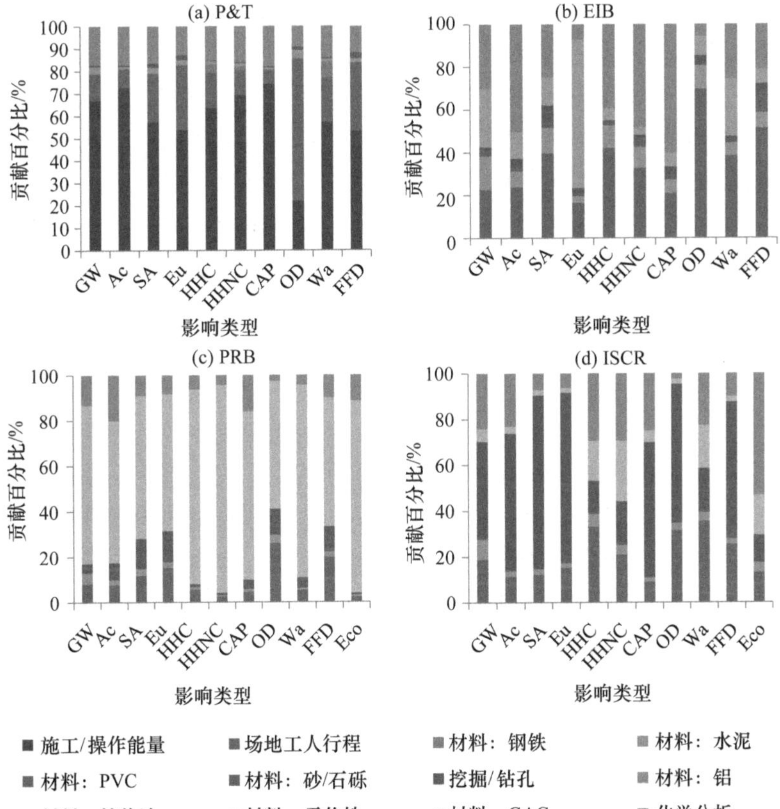

图4-7　4种修复方案的材料及能量消耗（彩图请扫封底二维码）

P&T：泵提处理技术，EIB：使用黄豆油作为基片的原位强化生物修复，PRB：透水性零价铁（ZVI）媒介反应障碍，ISCR：原地土壤与零价铁混合以达到原位化学还原修复。影响清单包括全球变暖（GW）、酸化（Ac）、雾霾（SA）、富营养化（Eu）、人体健康癌症类风险（HHC）、人体健康非癌症类风险（HHNC）、空气污染标准（CAP）、臭氧消耗（OD）、垃圾（Wa）、生态毒性（Eco），以及化石燃料消耗（FFD）

对于泵提处理，施工及修复操作的能源消耗占总体影响的 50%～70%，而水泥和塑料等材料的使用在总体影响中的比例很小。有关泵提处理的生命周期研究也显示，能源消耗是其二次影响的主要来源，而非修复设施的建设（Beyer，2006；Higgins and Olson，2009）。然而在一些生命周期研究中，由于所做的相关假设，长期取样和监测的影响被忽略了。

但在本章所介绍的研究中，30 年内的修复实施和维护及地下水的监测对二次影响的占比很大。不同修复方案对于同一污染场地的检测需求可能截然不同。因此，在对泵提处理修复进行生命周期评价时需要考虑到长期取样及监测所带来的影响。对于原位强化生物修复，不同的材料和能源消耗对不同二次影响类型的贡献度差别很大。例如，植物油是造成水体富营养化影响的主要原因，而化学分析是酸化影响的主要原因，场地工人的通勤是大气颗粒物产生的主要原因。同样也有研究表明，原位强化生物修复造成环境二次影响的原因是多样化的（Lemming et al.，2010），因此需要采取多方的措施降低原位强化生物修复的二次影响。对于可渗透反应墙修复，零价铁的消耗是其造成二次影响的主要原因，其贡献占比高达 60%～90%。关于其他类型的可渗透反应墙的生命周期研究显示，零价铁的消耗对二次影响的贡献占比达 40%～70%。为了减少可渗透反应墙的二次影响（尤其是直线型可渗透反应墙），需要采取手段增加零价铁的使用寿命以减少再填充的频次，或者提高零价铁的反应效率以降低其投加量。对于原位化学还原修复，挖掘、钻孔过程是二次影响的主要来源，而工人通勤行程、零价铁的使用及化学分析也占据了相当比例。

图 4-8 进一步表明，在污染治理区宽度增加的情况下，泵提处理在建设和修复操作过程中的能量消耗主导全球变暖潜势的影响；原位强化生物修复过程中植物油使用造成的影响显著提高，而其他过程造成的影响比例相对有所下降；可渗透反应墙的零价铁使用带来的影响显著提高，而其他过程造成的影响比例相对有所下降；原位化学还原修复的挖掘、钻孔过程及零价铁的使用影响均显著提高，而其他过程造成的影响比例相对有所下降。

三、敏感性分析

权重体系可以将各类影响的结果进行整合，形成最终的总体影响得分，用于直观地比较不同修复方案的二次影响大小，因此对于各类影响权重的取值至关重要。在敏感性分析中，计算了全球变暖、人体健康癌症类风险和水体富营养化这 3 个指标的权重变为原来 3 倍时的最终结果。结果显示，在不同的权重设定下，4 种修复方案的可持续性结果分布变化十分微小（图 4-4 和图 4-5）。如果对权重的取值进行更大的改变，可以预见结果的变化也会随之加大，但不足以影响最终结论。

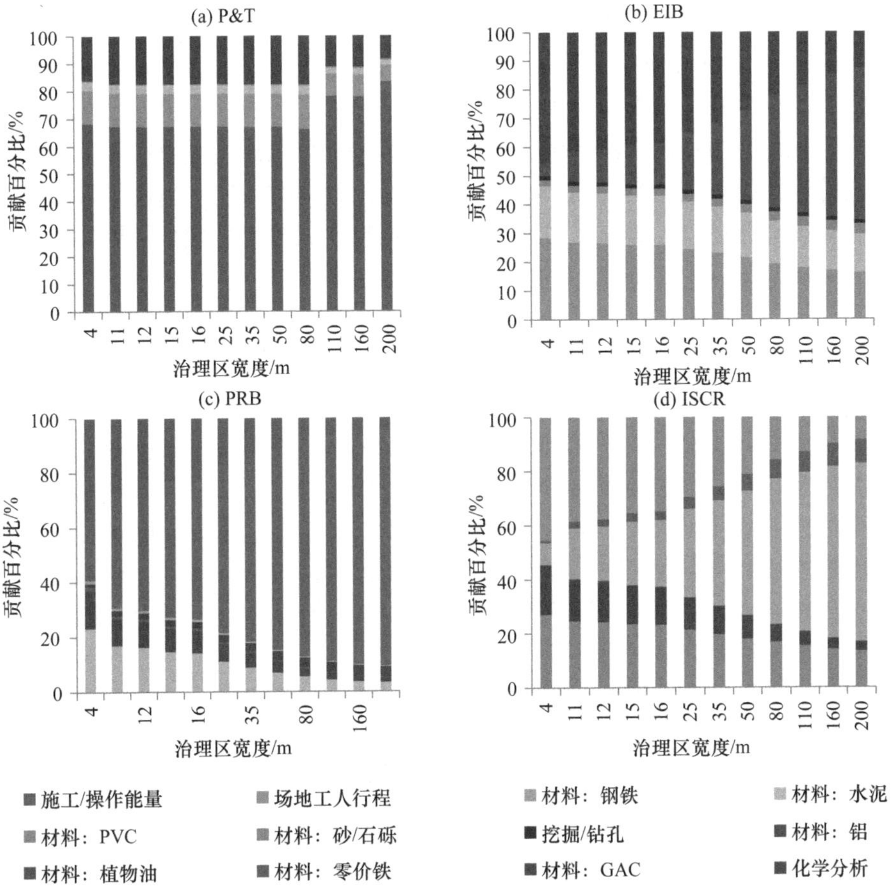

图 4-8　4 种修复方案的材料和能源消耗：治理区宽度对全球变暖潜势的影响
（彩图请扫封底二维码）

第五节　小　　结

我们利用基于 4 个典型地下水修复案例构建的广义生命周期评价模型，分析了 4 种典型的氯代烃污染地下水修复技术应用的二次影响。结果显示，场地特征参数与修复方案带来的二次影响结果密切相关，其中污染羽的尺寸及水文参数对结果的影响最大。总的来说，通过广义生命周期评价，能够比较在具体场地条件下不同修复方案所带来的二次影响的大小。本章二次影响主要来自于在修复过程中使用能源（如化石燃料及电力）和材料（如用于可渗透反应墙的零价铁和用于原位强化生物修复的植物油）。另外，当修复周期较长、修复效率较低时，对污染物的长期监测也可能产生可观的二次影响。因此，利用生命周期评价的方法评估修复带来的二次影响是有必要的。例如，采用需要对地下水进行长期监测的自然衰减技术时（Clement et al.，2002；Rügner et al.，2006），可以通过修复方案的优化使修复的成本及二次影响大大降低（Hou and Leu，2009）。

相比于传统的生命周期评价，广义生命周期评价的适用性更广，并且能够得出更具普遍性的研究结论。例如，现有的生命周期研究表明，当用于可渗透反应墙的修复剂寿命在 10 年以上时，可渗透反应墙将比泵提处理技术更加环境友好（Higgins and Olson，2009）。可用于可渗透反应墙的零价铁的使用寿命长达 10～30 年（ITRC，2005），因此理论上来说，可渗透反应墙技术会比泵提处理更加普及。但实际上，泵提处理的使用率远高于可渗透反应墙。通过广义生命周期评价可能可以解释这个现象。虽然已有的研究表明在特定场地条件下，可渗透反应墙技术比泵提处理技术更加环境友好（Bayer and Finkel，2006；Higgins and Olson，2009），但将此结论普遍化需要考虑更多的外在条件。广义生命周期评价结果表明，当污染治理区域具有较大的宽度、较厚的蓄水层、较高的水力梯度、较高的透水性及较长的污染物半衰期时，泵提处理表现得比可渗透反应墙更加环境友好。可以看出，通过广义生命周期评价得出的结论更加具有普遍性，对于决策类似技术在其他修复项目上的应用更具参考性。

相比于如泵提处理和可渗透反应墙此类以地下水污染物为导向的修复技术，原位强化生物修复和原位化学还原修复此类以污染源区域为导向的修复技术修复效率较低，修复周期较长，其产生的生命周期影响更小，是更加环境友好的修复方案。通过识别修复过程中主要产生二次影响的修复过程，可以针对这些过程进行方案优化，降低环境二次影响。对于泵提处理技术来说，修复操作时的能源消耗带来的二次影响较大，因此可以尽量多地使用可再生能源和清洁能源，或通过使用变频设备等方式达到节能降耗的目的；对于可渗透反应墙来说，主要的二次影响来源是修复剂的使用，因此可以从修复材料性能的改善方面入手，提高修复材料的反应活性以降低用量，或者延长修复材料的使用寿命以减少其再填充的频次；对于原位强化生物修复来说，长期的地下水监测是造成二次影响的主要原因，因此制定合理的地下水监测方案至关重要；对于原位化学还原修复来说，原位药剂注入是二次影响的主要来源，因此提升钻孔技术的效率对于该项修复技术至关重要。

一、模型限制及未来研究方向

如前面章节所述，在污染场地修复中，除了修复带来的二次影响，与场地污染导致的一次影响与修复后场地再开发引起的三次影响同样重要（Lesage et al.，2007b）。不同的影响类型反映了场地污染与修复的不同方面，不同的利益相关方对这些影响类型的重视程度也不同。开发商和场地周边居民更加关心场地污染造成的一次影响，场地业主和修复从业者对一次影响和二次影响均比较关心，而城市规划部门更加关心场地的三次影响（Lesage et al.，2007a）。

目前建立的广义生命周期评价模型旨在评估修复过程中产生的二次影响，并没有考虑一次影响和三次影响，因为场地的一次影响往往通过风险评价来确定，而在同一框架体系内比较场地的一次影响和二次影响会增大结果的不确定性。然而，当评估各种修复技术或者方案的总体可持续性时，必须考虑一次影响（Owsianiak et al.，2013）。例如，比较四氯乙烯污染地下水的原位强化生物修复和原位化学还原修复时，四氯乙烯可能被降解为毒性更大、半衰期更长的子产物氯乙烯继续对地下水造成污染，因此不同的修复方案造成的一次影响也可能不同（Lemming et al.，2010）。

虽然广义周期评价专注于在具体场地特征条件下修复方案的二次影响，并得出了关于一些地下水修复技术具有普遍性的结论，但针对具体场地情况时，我们不主张直接套用普适性的结论而不做具体分析。本章所介绍的内容诠释了在分析比较不同修复方案时，全面地考虑场地特征参数的重要性。另外，很多修复项目规模较小，没有做定量可持续性评价的必要，但我们可以将基于广义生命周期评价所得出的结论应用于定性或者半定量的可持续性评价中，从而扩展生命周期评价的使用范围。

目前的广义生命周期评价仅仅只是基于氯代烃污染的地下水修复模型建立的，为了模型进一步的完善和补充，将来需要探索在不同介质及不同污染类型情况下的广义生命周期评价方法。一些生命周期研究将修复系统的时间尺度设置为100年（Cadotte et al.，2007），本章所介绍的模型的时间尺度为30年，与美国《资源保护和回收法》中危废管理条例中的有关规定相一致。在实际长达30年的时间尺度内，场地的生命周期末端过程具有较高的不确定性，是模型无法模拟的。因此在将来的研究中，广义生命周期模型可能会考虑不同时间尺度下修复的环境影响。

参 考 文 献

AFCEE. 2004. Principles and practices of enhanced anaerobic biodegradation of chlorinated solvents. Lackland, Texas: Air Force Center for Engineering and the Environment.

Al-Tabbaa A, Barker P, Evans C W. 2011. Soil mix technology for land remediation: recent innovations. Proceedings of the ICE-Ground Improvement, 164(3): 127-137.

Al-Tabbaa A, Harbottle M, Evans C. 2007. Robust sustainable technical solutions//Dixon T, Raco M, Catney P, et al. Sustainable brownfield regeneration. New Jersey: Blackwell Publishing.

ATSDR. 2007. 2007 CERCLA priority list of hazardous substances. Atlanta, GA: Agency for Toxic Substances And Disease Registry.

Bare J, Gloria T, Norris G. 2006. Development of the method and U. S. normalization database for life cycle impact assessment and sustainability metrics. Environmental Science & Technology, 40(16): 5108-5115.

Bare J C, Norris G A, Pennington D W, et al. 2002. TRACI-the tool for the reduction and assessment of chemical and other environmental impacts. Journal of Industrial Ecology, 6(3-4): 49-78.

Bayer P, Finkel M. 2006. Life cycle assessment of active and passive groundwater remediation technologies. Journal of Contaminant Hydrology, 83(3): 171-199.

Beyer S. 2006. The green olympic movement: Beijing 2008. Chinese Journal of International Law, 5(2): 423-440.

Bozzini C. 2006. DNAPL remediation at camp lejeune using ZVI-Clay soil mixing. Proceedings of the 5th Intl. Conf. on Remediation of Chlorinated and Recalcitrant Compounds, Battelle.

Cadotte M, Deschênes L, Samson R. 2007. Selection of a remediation scenario for a diesel-contaminated site using LCA. The International Journal of Life Cycle Assessment, 12(4): 239-251.

CDPH. 2011. California regulations related to drinking water. Sacramento, CA: California Department of Public Health.

Clement T P, Truex M J, Lee P. 2002. A case study for demonstrating the application of US EPA's monitored natural attenuation screening protocol at a hazardous waste site. Journal of Contaminant Hydrology, 59(1-2): 133-162.

Di Molfetta A, Sethi R, Day S. 2006. Comparison between clamshell and backhoe excavators for the emplacement PRBs. The Fifth International Conference on Remediation of Chlorinated and Recalcitrant Compounds, Monterey, 22: 25.

Gallagher P M, Spatari S, Cucura J. 2013. Hybrid life cycle assessment comparison of colloidal silica and cement grouted soil barrier remediation technologies. Journal of Hazardous Materials, 250-251(2): 421-430.

Gavaskar A, Gupta N, Sass B, et al. 2000. Design guidance for application of permeable reactive barriers for groundwater remediation. BATTELLE, Columbus, Ohio.

Gefell M J, Thomas G M, Rossello S J. 1994. Maximum water-table drawdown at a fully penetrating pumping well. Ground Water, 32(3): 411-419.

Higgins M R, Olson T M. 2009. Life-cycle case study comparison of permeable reactive barrier versus pump-and-treat remediation. Environmental Science & Technology, 43(24): 9432-9438.

Hischier R, Weidema B. 2010. Implementation of life cycle impact assessment methods, ecoinvent report No. 3. Swiss Centre for Life Cycle Inventories.

Hou D, Leu R J. 2009. Optimizing the remedial process at a petroleum hydrocarbon contaminated site using a three-tier approach. Journal of Environmental Engineering, 135(11): 1171.

ISO. 2006a. ISO 14040: Environmental management—life cycle assessment—principles and framework. Environmental Management, 3: 28.

ISO. 2006b. ISO 14044: Environmental management—life cycle assessment—requirements and guidelines. Environmental Management, 3: 54.

ITRC. 2005. Permeable reactive barriers: lessons learned/new directions. Washington DC.: Interstate Technology & Regulatory Council.

Javandel I, Tsang C F. 1986. Capture-zone type curves: a tool for aquifer cleanup. Ground Water, 24(5): 616-625.

Lemming G, Hauschild M Z, Chambon J, et al. 2010. Environmental impacts of remediation of a trichloroethene-contaminated site: life cycle assessment of remediation alternatives. Environmental Science and Technology, 44(3): 9163-9169.

Lesage P, Deschênes L, Samson R. 2007a. Evaluating holistic environmental consequences of brownfield management options using consequential life cycle assessment for different perspectives. Environmental Management, 40(2): 323-337.

Lesage P, Ekvall T, Deschenes L, et al. 2007b. Environmental assessment of brownfield rehabilitation using two different life cycle inventory models. Part 1: Methodological Approach. International Journal of Life Cycle Assessment, 12(6): 391-398.

Li Z, Willms C, Alley J, et al. 2006. A shift in pathway of iron-mediated perchloroethylene reduction in the presence of sorbed surfactant—A column study. Water Research, 40(20): 3811-3819.

Magnuson J K, Stern R V, Gossett J M, et al. 1998. Reductive dechlorination of tetrachloroethene to ethene by a two-component enzyme pathway. Applied and Environmental Microbiology, 64(4): 1270.

Mak M S H, Lo I M C. 2011. Environmental life cycle assessment of permeable reactive barriers: effects of construction methods, reactive materials and groundwater constituents. Environmental Science & Technology, 45(23): 10148-10154.

Muegge J. 2008. An assessment of zero valent iron permeable reactive barrier project in california. Sacramento, CA: Department of Toxic Substances Control.

NAVFAC. 2011. Sitewise version 2 user guide. Port Hueneme, CA: Naval Facilities Engineering Command, Engineering Service Center.

Owsianiak M, Lemming G, Hauschild M Z, et al. 2013. Assessing environmental sustainability of remediation technologies in a life cycle perspective is not so easy. Environmental Science & Technology, 47(3): 1182-1183.

Rügner H, Finkel M, Kaschl A, et al. 2006. Application of monitored natural attenuation in contaminated land management—A review and recommended approach for Europe. Environmental Science & Policy, 9(6): 568-576.

Rabideau A J, Suribhatla R, Craig J R. 2005. Analytical models for the design of iron-based permeable reactive barriers. Journal of Environmental Engineering, 131(11): 1589.

Stroo H, Ward C H. 2010. *In Situ* remediation of chlorinated solvent plumes. New York: Springer.

USEPA. 2000. *In Situ* permeable reactive barriers: application and deployment training manual. EPA542/B-00/001. Washington DC.: United States Environmental Protection Agency.

USEPA. 2002. Field applications of *In Situ* remediation technologies: permeable reactive barriers. Washington DC.: United States Environmental Protection Agency.

Vignes R P. 2001. Use limited life-cycle analysis for environmental decision-making. Chemical Engineering Progress, 97(2): 40-54.

第五章　污染土壤修复的环境可持续性及不确定性分析

本章以汞污染农田土壤修复为例，介绍了可持续修复理念在污染土壤修复案例中的应用，通过生命周期评价，将汞污染农田的固化稳定化修复与热脱附修复的二次影响进行对比，探讨污染土壤修复的环境可持续性，并在此基础上进行不确定性分析。本章采用生命周期评价的方法分别对我国南方某地区汞污染农田的热脱附修复和固化稳定化修复进行评估。

第一节　背 景 介 绍

由于汞具有很强的毒性，会严重影响人体的神经系统、心脏、肾脏和免疫系统，长期以来汞污染受到了人们的格外关注（ATSDR，1999）。燃煤、废物焚烧、冶金、氯碱生产等工业活动都是造成汞污染的重要原因（Cordy et al.，2015；Larson，2014；Wang et al.，2012）。汞在大气中主要以单质形式存在，单质汞的环境滞留期是6～12个月（Pirrone et al.，2013）。当大气中的单质汞转化为可溶性的二价汞时，会迅速沉降至土壤和水体环境中，最终在土壤表层富集（Wang et al.，2012）。由于微生物的作用，土壤中的汞会转化为甲基汞（Ullrich et al.，2001），甲基汞是高毒性物质，会在鱼的体内富集，进而通过食物链对人体健康造成巨大的潜在危害。目前，环境保护部已将汞列为了农田土壤污染的主要污染物之一（MEP，2014）。研究表明，农田土壤的汞污染会造成蔬菜、大米中汞含量的升高（Feng et al.，2007；Qian et al.，2009）。同时，动物实验表明汞会对老鼠的大脑造成损伤（Cheng et al.，2006）。因此，减轻汞污染具有巨大的环境效益（Sundseth et al.，2010）。

汞能在大气中传播，并可通过甲基汞的形式进行生物富集（UNEP，2013），从而实现跨国界的迁移。近年来，汞污染引起了国际社会越来越多的关注。2013年10月，经12个国家批准、128个国家签署的《关于汞的水俣公约》正式生效（UNEP，2015），该公约旨在减少人类生产活动过程中汞的排放（Gavilán-García et al.，2015；Johnson et al.，2008；Metcalf and Veiga，2012）。由于水体和土壤中的汞能够重新释放到大气，很难被去除，汞污染的治理是一个长期的过程（Pirrone et al.，2013）。相关研究显示，每年由于人类生产活动引起的汞排放量为2000 t左右（Corbitt et al.，2011），而每年有接近2430 t的汞从地表释放（Pirrone et al.，2010）。

假设从地表释放的汞来源于人类活动而非地质因素，那么对于汞污染土壤的修复是缓解汞污染的重要途径。

目前针对汞污染场地修复的生命周期评价，只有 Ribbenhed 等（2002）在一个瑞士的案例上做了相关研究。然而在此案例中，污染物包括了石油、多环芳烃（polycyclic aromatic hydrocarbons，PAHs）、汞等，修复手段采用的是鼓风热处理技术，此技术并不适用于非单质汞的污染修复。目前，还没有对农田的汞污染修复进行生命周期影响评价的研究。

本章的案例研究对象为一块位于中国贵州省的汞污染农田土壤，该地区有着 600 多年的采矿业历史，是矿冶加工导致土壤污染的典型代表。汞通过大气沉降和地表径流迁移至土壤表层，对当地的作物生长和人体健康造成了极大危害（Feng et al.，2006；Li et al.，2008）。处理汞污染土壤的技术包括玻璃化、土壤淋洗、固化稳定化、热处理、植物修复等（Wang et al.，2012；Xu et al.，2015）。在该案例中，由于农田表层土壤的有机质含量较高，并不适合采用淋洗的方式进行修复，针对该特点，最为常用的修复技术有固化稳定化和热处理法（USEPA，2007）。小试试验表明，采用传统的高温热脱附修复污染土壤，在 700℃条件下反应 30 min 可以实现修复目标；采用酸辅助低温热脱附，添加柠檬酸后，在 400℃条件下反应 60 min 可以达到修复目标；采用固化稳定化修复污染土壤，使用硫化活性炭作为稳定剂可以达到稳定化标准（Zhang and Bishop，2002）。

在本章的案例研究中，提出了 4 种针对汞污染农田的修复技术：①采用煤制粉末活性炭（powdered activated carbon，PAC）进行固化稳定化（stabilization/solidification，S/S-coal）；②采用生物炭（biochar）进行固化稳定化（S/S-biochar）；③高温热脱附（high-temperature thermal desorption，HTD）；④酸辅助低温热脱附（acid-facilitated low temperature desorption，A-LTD）。本章通过生命周期评价对这 4 种技术进行分析比较，分析了在采用 4 种技术实施修复的过程中对于修复生命周期二次影响较大的主要环节，并基于此对技术的优化提出建议。

第二节　汞污染土壤修复方法

一、热脱附

热脱附和固化稳定化都属于土壤异位修复技术，两者的修复周期类似。高温热脱附的工艺流程如图 5-1 所示：污染的土壤被挖掘堆置，经过破碎和筛分，去除塑料、橡胶、石头等杂质后，将筛上土运至窑炉进行热处理。虽然常压下，汞的沸点只有 350℃，但要使离子态的汞汽化，需要 700℃的高温（Ma et al.，2015），在此温度下反应 30 min，能够达到汞修复的标准限值 1.5 mg/kg。在此之后，通过喷淋水对土壤进行冷却，处理过后的土壤运至规定地点进行堆置。热处理过程中，真空泵对窑炉持续鼓风，汞蒸气随着烟气排出，进入冷凝系统。大部分汞在冷凝过程中从烟气中分离出来，尾气经活性炭吸附处理后，达到 12 μg Hg/m^3 的达标排放（MEP，1996）。通过加入金属净化剂，冷凝水中残留的汞及钙、铝等脱水后被分离出来（Chang and Yen，2006），分离的残渣运至永久储存设施进行封存（Lee K J and Lee T G，2012）。经过高温热脱附处理的土壤，pH 明显升高，有机质被分解，土壤颜色也会发生改变（Ma et al.，2015），因此不再适合回填利用，需要使用场地周边的土壤作为回填土。

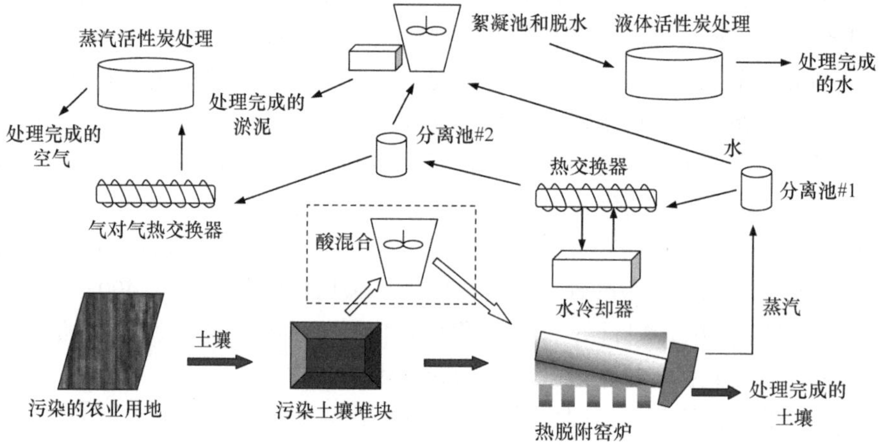

图 5-1　热脱附工艺流程图

图中虚线部分为酸辅助低温热脱附独有的工艺流程

酸辅助低温热脱附与高温热脱附相比，有三点不同。首先，土壤进入窑炉之前需要加入柠檬酸，根据实验得出的最佳物质的量比为 15∶1。其次，达到同样的处理效果，热处理温度和反应时间与高温热脱附有所不同，分别为 400℃和 60 min。最后，低温热处理不会使土壤性质发生重大改变，因此修复后的土壤可以进行回填利用。

二、固化稳定化

对于固化稳定化技术，固化剂可以通过物理吸附或者化学反应，使汞固定在土壤中。由于固化稳定化不改变土壤中污染物总量，处理后的土壤需要进行填埋处置。粉末活性炭、硫醇改性沸石、硅酸盐水泥、硫聚合水泥、硫化物、硫聚合物等都可以作为固化稳定化的固化剂（Wang et al.，2012；Xu et al.，2015），该案例采用了硫改性的粉末活性炭作为固化剂。Zhang 和 Bishop（2002）的研究表明，根据标准毒性浸出方法（toxicity characteristic leaching procedure，TCLP），固化剂投加比例为 2%（USEPA，2007）。该案例研究选取了两种粉末活性炭，一种是本地产的无烟煤活性炭（PAC-coal），另一种是离当地不远的厂家生产的生物活性炭（PAC-biochar）。有关研究显示，氯离子会对活性炭的固化效果产生影响，为了降低氯离子的影响，我们根据标准毒性浸出方法的标准加入了 6%剂量的水泥。

第三节　生命周期评价方法

一、生命周期评价的目标、范围及功能单元

根据 ISO 14040、ISO 14044，生命周期评价分为 4 个部分：确定评价目标和范围、生命周期清单分析、生命周期影响评价、生命周期解释（ISO，2006a，2006b）。本案例中，生命周期评价的目标是对热脱附修复（高温热脱附和酸辅助低温热脱附）和固化稳定化（活性炭固化稳定化和生物炭固化稳定化）修复的生命周期影响进行评价。如图 5-2 所示，生命周期评价的范围涵盖了项目的各个阶段，包括材料和资源的消耗、设备的运行、交通运输、施工建设和废物的处置，即“从摇篮到坟墓”。

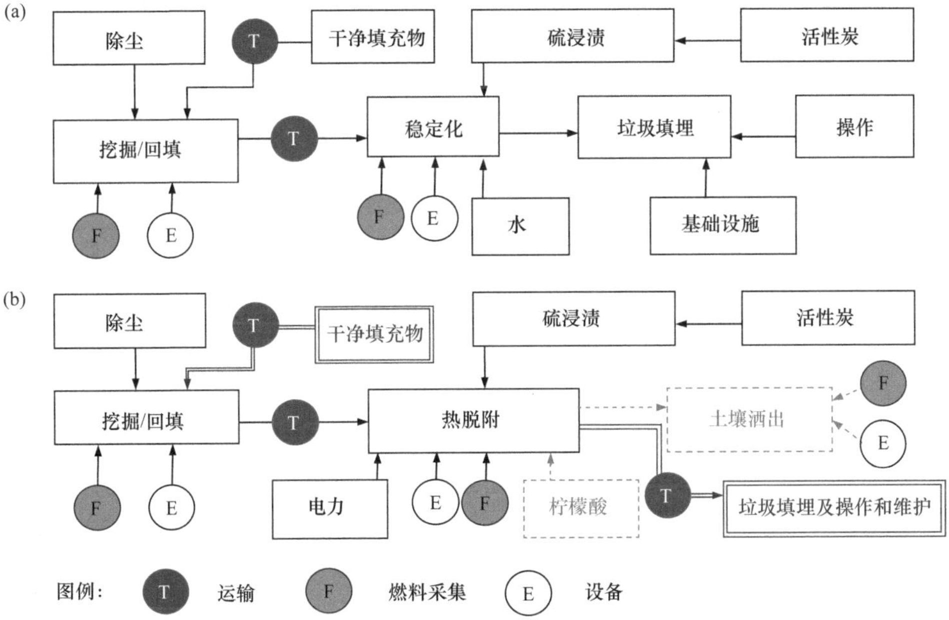

图 5-2　修复系统界限

（a）固化稳定化；（b）热脱附

（双线部分为高温热脱附独有流程，虚线部分为酸辅助低温热脱附独有流程）

本案例中，生命周期评价的功能单位为修复 1 t 的汞污染农田土壤。土壤中汞的平均浓度为 134 mg/kg。假设表层 0.3 m 厚的土壤存在汞超标的情况，受污染土壤总量为 10 000 m^3。若修复后的土壤不填埋处置，则根据国家《土壤环境质量标准》（GB 15618—1995），土壤汞浓度需要降至 1.5 mg/kg 以下。若对修复后的土壤进行填埋处置，那么根据标准毒性浸出方法的标准，土壤汞浓度需要降至 0.025 mg/L 以下。根据所使用的过程模型，生命周期评价的时间尺度为 100 年。为了评价场地修复的净环境效益，我们将修复和不做修复的情况进行了对比。

二、生命周期清单分析

本案例中大多数修复过程的数据是从小试试验、有关文献、行业咨询、工程承包商及设备供应商等方面获取的。例如，修复的上游及下游过程等的后台系统数据来源于 3.1 版本的“ecoinvent”单元过程数据库（Weidema et al.，2013）。对于缺少直接信息来源的数据，则是通过假设得来。例如，修复过程中的电耗按照中国电网的用电标准计算。对于其他上游和下游过程的清单数据，若没有中国的相关标准可以参考，则按照国际平均标准取值。当材料使用方面的数据缺失时，则采用经济输入-输出模型获取数据。因此，本章采用的也属于混合生命周期评价模型（Suh et al.，2004）。此外，使用永久性封存设施对汞进行处置，该过程的相关数据来源于美国有关研究（Lee K J and Lee T G，2012）和输入-输出模型（USEPA，2002）。表 5-1 列出了生命周期清单中的关键数据，表 5-2～表 5-7 和图 5-3 提供了其他有关数据。

表 5-1　生命周期清单中使用的数据

相关修复技术	生命周期流程	数量
通用	初始汞浓度/（mg/kg）	134
	到上层取土坑距离/km	10
S/S	活性炭使用量（*w/w*）/%	2
	到 PAC 供应商距离/km	160
	水泥用量（*w/w*）/%	6
	到水泥供应商距离/km	20
	到填埋场距离/km	140
HDT	到汞废弃物永久性处置设施的距离/km	600
	残留的汞浓度/（mg/kg）	0.7
	到储藏堆位置的距离/km	10
	热处理处理率/（t/天）	24
	电用量-排气排水处理/kW	19.8
	电用量-热烘箱/kW	450
A-LDT	到柠檬酸供应商的距离/km	400
	热处理处理率/（t/天）	24
	柠檬酸（CA）使用量（CA∶Hg 物质的量比）	15∶1
	残留的汞浓度/（mg/kg）	1.1

表 5-2　不同热脱附温度下的汞去除率（Ma et al.，2015）

温度/℃	汞含量/（mg/kg）	去除率/%
未经处理	134±8.2	—
300	20±3.5	85.1
400	12±1.8	91.0
400，外加柠檬酸	1.01±0.1	99.2
500	6.5±0.4	95.1
600	3.8±1.3	97.2
700	0.7±0.2	99.5

表 5-3　热脱附对土壤性质的影响（Ma et al.，2015）

土壤处理方式	pH	有机碳含量/%	土壤颜色	阳离子交换量/（cmol/kg）	黏土含量/%	粉土含量/%	含沙率/%
不作处理	6.6	2.5	10YR 3/3	11	31	61	8
400℃加热 60 min，加柠檬酸	7.6	1.6	10YR 4/3	9.8	30	57	13
700℃加热 30 min	10.2	0	5YR 7/8	4.6	12	55	33

表 5-4　加热所需能耗计算参数

参数	取值	数据来源
土壤矿物所需热量/[J/（kg·℃）]	879	Bowers and Hanks，1962
土壤有机质所需热量/[J/（kg·℃）]	1 926	Tuller，2004
土壤水分所需热量/[J/（kg·℃）]	4 182	Tuller，2004
水的蒸发潜热/（kJ/kg）	2 260	
含水率（以体积计）/%	5	
含水率（以重量计）/%	3	干燥土壤实测
保持温度导致的热损失（400℃）/（kJ/m^3）	62 000	以气流计算热损失
保持温度导致的热损失（700℃）/（kJ/m^3）	111 000	以气流计算热损失
容积密度/（kg/m^3）	1 600	干燥土壤实测
环境温度/℃	20	
土壤有机质含量/%	2.5	测量得出

表 5-5　主要设备材料和使用寿命

设备材料	材质	重量/kg	使用寿命/年
热处理设备			
分离设备 #1（136 gal）	钢	500	15
分离设备 #2（136 gal）	钢	500	15
管式换热器	钢	1000	15
冷凝系统	钢	236	15
冷凝系统	聚乙烯	313	15

续表

设备材料	材质	重量/kg	使用寿命/年
热处理设备			
空气换热器	钢	600	15
活性炭容器（4×1000 bs）	钢	1652	15
冷凝液储藏槽（500 gal）	钢	180	15
加热箱（10 000 gal）	钢	4 763	15
窑炉	钢	6192	15
管道、配件、阀门	钢	198	15
固化稳定化设备			
混合系统	钢	5000	15

表 5-6　热脱附设备定额功率　（单位：kW）

设备	取值
冷却水系统压缩机	3.7
冷却水系统风扇	0.5
冷却水系统泵	1.1
空压机	7.5
空气热交换器	4
排水泵 #1	0.75
排水泵 #2	0.75
抽水泵	1.5
冷却水系统压缩机	3.7
热脱附主体设备	450

表 5-7　生物活性炭生命周期清单参数

项目	取值	来源/备注
生物炭输出/kg	1	
干燥生物质输入/kg	3.38	Roberts et al.，2010
干燥生物质运输距离/km	30	分散农业，运输距离假定为两倍（Roberts et al.，2010）
生物质含水率/%	15	假定为近期收割的稻秆
煤输入/MJ	0.031	Roberts et al.，2010
天然气/MJ	0.827	Roberts et al.，2010
石油输入/MJ	3.489	Roberts et al.，2010
CO_2 排放/kg	2.71	Roberts et al.，2010
N_2O 排放/kg	0.0004	Roberts et al.，2010
CH_4 排放/kg	0.003	Roberts et al.，2010
气体热能剩余/MJ	0	当地没有天然气利用设施，因此剩余的气体能源用来干燥生物质

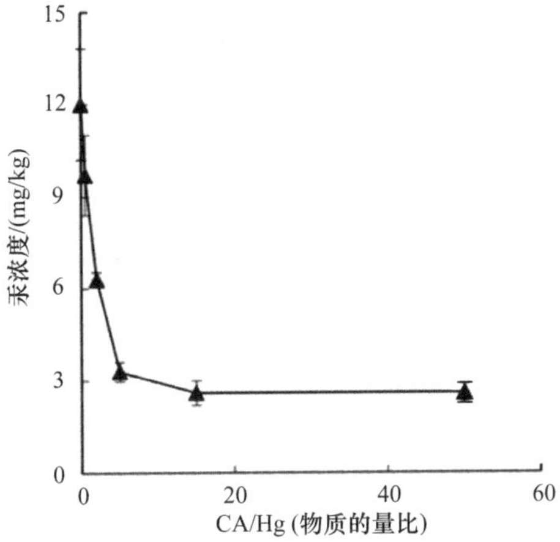

图 5-3　柠檬酸投加量对汞去除效果的影响（Ma et al.，2015）

煤制活性炭是在无氧、800～1000℃的高温条件下制备的，活化过程包括湿式粉碎、固定、氧化、干燥、碳化、压模、筛分、装袋（Bayer et al.，2005）。生物碳是由生物质在 0.1 MPa 大气压和 450℃条件下缓慢热解制备而成的（Roberts et al.，2010）。根据当地的地理条件，生物质原料的运输距离设置为了 30 km。加热过程产生的电耗主要来源于对土壤中矿物质、有机质及水分的热传导。实验表明，土壤中的有机质约为 2.5%（Ma et al.，2015）。本章假定土壤干燥时间较为充分，土壤湿度≤5%。清单汇总见表 5-8。

表 5-8　生命周期清单汇总（以修复 1 t 土壤为单位）

项目	S/S	HDT	A-LDT
普通水泥/kg	60		
粉末活性炭/kg	20	1.1	1.1
塑料/kg	0.24	0.25	0.25
钢材/kg	0.01	1.60	1.60
混凝土/kg		0.02	0.02
金属清除剂/kg		1.78	1.78
氢氧化钙/kg		1.78	1.78
水/m^3	0.04	0.10	0.10
货车运输/（t·km）	313	51	13
电力/（kW·h）		237	144
填埋的垃圾/kg	1120		
永久储存的汞淤泥/kg		3.6	3.6
有汞残留的填埋活性炭/kg		1.1	1.1
永久性汞储存设施建设（以 2002 年美元定价计）		5	5
永久性汞储存设施 100 年的运行（以 2002 年美元定价计）		14	14

三、生命周期影响评价

本章中，生命周期评价采用的系统软件和评价方法均是较为通用的生命周期评价工具（Fisher，2012；Gallagher et al.，2013；Hou et al.，2014a；Suer and Andersson-Sköld，2011；Vigil et al.，2015），分别为 SimaPro 8.0 LCA 软件（PReConsultants，2014）和 ReCiPe 评价法（Goedkoop et al.，2013）。ReCiPe 模型假设人和动物会受到土壤表层 20 cm 污染物的影响（Goedkoop et al.，2013）。为了与 ReCiPe 模型保持一致，我们假定土壤中的污染物和回收利用的材料只会对 20 cm 厚的土壤表层造成影响。

第四节　不确定性与敏感性分析

生命周期评价的结果在很大程度上取决于假设条件和数据的选取。因此对生命周期评价结果的不确定性及敏感性分析非常重要。本章中，不确定性分析采用以下流程（Busset et al.，2012）：对清单数据进行定量评估，并确定可靠性（U_1）、完整度（U_2）、时间关联（U_3）、地理关联（U_4）、技术关联（U_5）、样品尺寸关联（U_6）、基础不确定性（U_7）。详细的不确定因素与取值可参见表 5-9 和表 5-10。不确定因素的定性取值根据以下有关指导文件及文献得出（Frischknecht and Jungbluth，2007；Weidema and Wesnæs，1996）。每组数据的标准差由公式（5-1）、公式（5-2）得出：

$$V_{95\%}=\exp\sqrt{\sum_{i=1}^{7}\ln^2 U_i} \tag{5-1}$$

$$\mathrm{SD}_{95\%}=\mu\left(\sqrt{V_{95\%}}-1\right) \tag{5-2}$$

式中，V 为方差；SD 为标准差；μ 为平均值；U_i 为第 i 种不确定因素，具体见正文。

表 5-9　不同质量评分下的不确定因素取值（Weidema and Wesnæs，1996）

质量评分	可靠性	完整度	时间关联	地理关联	技术关联	样品尺寸关联
1	1	1	1	1	1	1
2	1.05	1.02	1.03	1.01	—	1.02
3	1.1	1.05	1.1	1.02	1.2	1.05
4	1.2	1.1	1.2	—	1.5	1.1
5	1.5	1.2	1.5	1.1	2	1.2

我们采用了蒙特卡罗模型对每组数据的概率分布进行随机取样，计算整体影

响的概率分布。针对每种修复技术，随机取样 1000 次。此外，为了探讨场地条件不同带来的影响，对以下因素进行了敏感性分析：①填埋距离（×0.5 和×2）；②汞渣量（×0.5 和×2）；③土壤含水率（10%和 30%）。

表 5-10　清单数据的不确定因素取值

生命周期过程	可靠性	完整度	时间关联	地理关联	技术关联	样品尺寸关联	基础不确定性
动员/遣散	1.05	1	1	1	1	1	1
表层土壤的生产	1	1	1	1.1	1	1	1.05
土壤运输	1.05	1	1	1	1	1	1.01
挖方	1.05	1	1	1.01	1	1	1.01
高温热脱附土壤的运输与堆放	1.05	1	1	1.01	1	1	1.01
填埋运输	1.05	1	1	1.01	1	1	1.1
汞储存设施的建设	1.05	1.05	1.03	1.1	1.2	1	1.01
汞储存设施的管理	1.05	1.05	1.03	1.1	1.2	1	1.01
汞储存容器	1.05	1	1.03	1.01	1	1	1.01
汞渣的运输	1.05	1	1	1.01	1	1	1.01
活性炭的生产	1.05	1	1.1	1.01	1	1	1.01
生物炭的生产	1.05	1	1	1.1	1	1	1.2
二硫化碳	1.05	1	1.03	1	1	1	1.01
活性炭的运输	1.05	1	1	1.01	1	1	1.01
土壤混合	1.05	1	1	1.1	1	1	1.01
水泥的生产	1.05	1	1	1.01	1	1	1.01
水泥用量	1.05	1	1	1	1	1	1.2
水泥的运输	1.05	1	1	1	1	1	1.05
设备运行电耗	1	1	1	1.02	1	1	1.01
加热电耗	1.05	1	1.03	1.02	1	1	1.1
硅、石灰、钢铁、塑料、混凝土、柠檬酸的生产	1.05	1	1	1.01	1	1	1.05
其他环节（测量或小的环节）	1	1	1	1	1	1	1

一、不确定性分析

分析采用的 ReCiPe 模型末端指示方法得出的每种修复手段的总体环境影响及其不确定性如图 5-4 所示。对于温室气体排放和其他影响特征指标详见表 5-11、表 5-12 及图 5-5。修复 1 t 汞污染土壤，采用活性炭固化稳定化和高温热脱附所释放的温室气体分别为 365 kg CO_2-eq 和 357 kg CO_2-eq；采用生物炭固化稳定化和酸辅助低温热脱附所释放的温室气体分别为 105 kg CO_2-eq 和 264 kg CO_2-eq，与热脱附技术相比，两种固化稳定化的温室气体排放分别减少了 71%和 26%。

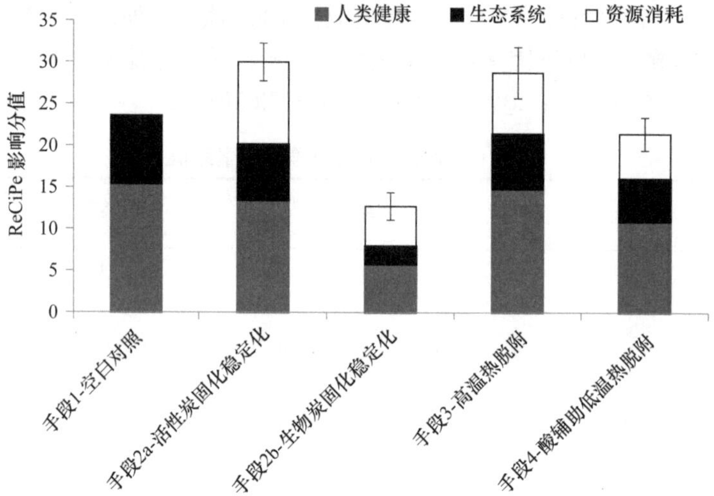

图 5-4　4 种修复手段的总体环境影响

表 5-11　ReCiPe 中点指标法得出的各方面影响结果

影响类型	单位	手段 1-空白对照	手段 2a-活性炭固化稳定化	手段 2b-生物炭固化稳定化	手段 3-高温热脱附	手段 4-酸辅助低温热脱附
气候变化	等量 kg CO_2	0.00E+00	3.65E+02	1.05E+02	3.57E+02	2.64E+02
臭氧消耗	等量 kg CFC-11[a]	0.00E+00	1.60E–05	1.15E–05	1.76E–05	1.93E–05
土壤酸化	等量 kg SO_2	0.00E+00	9.11E–01	6.92E–01	2.46E+00	1.65E+00
淡水富营养化	等量 kg P	0.00E+00	1.12E–01	1.11E–01	3.82E–02	2.98E–02
海洋富营养化	等量 kg N	0.00E+00	3.97E–02	3.46E–02	4.69E–02	4.81E–02
人体健康	等量 kg 1,4-DB[b]	1.11E+03	2.33E+01	2.24E+01	4.33E+01	4.53E+01
光化学氧化物	等量 kg NMVOC[c]	0.00E+00	1.04E+00	8.96E–01	1.19E+00	8.08E–01
颗粒物	等量 kg PM_{10}	0.00E+00	5.70E–01	4.92E–01	8.39E–01	5.81E–01
陆地生态毒性	等量 kg 1,4-DB	2.43E+01	1.29E–02	1.24E–02	5.72E–02	2.77E–01
淡水生态毒性	等量 kg 1,4-DB	4.57E–01	6.40E–01	6.33E–01	9.57E–01	8.38E–01
海洋生态毒性	等量 kg 1,4-DB	2.77E+00	6.88E–01	6.81E–01	9.73E–01	8.72E–01
电离辐射	等量 kBq U235	0.00E+00	5.83E+01	5.28E+01	7.96E+00	6.92E+00
耕地占用	m^2	0.00E+00	2.03E+00	2.03E+00	3.31E+00	5.60E+00
城市用地占用	m^2	0.00E+00	3.88E+00	3.88E+00	2.68E+00	1.93E+00
自然土地侵占	m^2	0.00E+00	2.52E–02	2.52E–02	1.81E–02	1.34E–02
水量消耗	m^3	0.00E+00	3.79E+02	3.79E+02	8.79E+02	5.99E+02
金属消耗	等量 kg Fe	0.00E+00	7.48E+00	7.46E+00	9.70E+00	9.71E+00
化石燃料消耗	等量 kg oil	0.00E+00	8.88E+01	4.15E+01	6.45E+01	4.65E+01

a. CFC-11：一氟三氯甲烷

b. 1,4-DB：1,4-二氯苯

c. NMVOC：非甲烷挥发性有机物

表 5-12　ReCiPe 端点指标法得出的各方面影响结果

影响类型	单位	手段 1-空白对照	手段 2a-活性炭固化稳定化	手段 2b-生物炭固化稳定化	手段 3-高温热脱附	手段 4-酸辅助低温热脱附
气候变化	DALY[a]	0.00E+00	5.11E–04	1.47E–04	5.00E–04	3.70E–04
臭氧消耗	DALY	0.00E+00	3.40E–08	2.60E–08	5.88E–08	6.43E–08
人类健康	DALY	7.79E–04	1.63E–05	1.57E–05	3.03E–05	3.17E–05
光化学氧化物	DALY	0.00E+00	4.07E–08	3.49E–08	4.64E–08	3.15E–08
颗粒物	DALY	0.00E+00	1.48E–04	1.28E–04	2.18E–04	1.51E–04
电离辐射	DALY	0.00E+00	9.56E–07	8.66E–07	1.31E–07	1.13E–07
气候变化	species·yr[b]	0.00E+00	2.90E–06	8.32E–07	2.83E–06	2.09E–06
陆地酸化	species·yr	0.00E+00	5.28E–09	4.02E–09	1.43E–08	9.54E–09
淡水富营养化	species·yr	0.00E+00	4.97E–09	4.96E–09	1.70E–09	1.33E–09
陆地生态毒性	species·yr	3.66E–06	1.95E–09	1.87E–09	8.61E–09	4.16E–08
淡水生态毒性	species·yr	3.92E–10	5.50E–10	5.44E–10	8.23E–10	7.21E–10
海洋生态毒性	species·yr	4.87E–10	1.21E–10	1.20E–10	1.72E–10	1.54E–10
耕地占用	species·yr	0.00E+00	2.69E–08	2.69E–08	3.99E–08	8.75E–08
城市用地占用	species·yr	0.00E+00	8.04E–08	8.04E–08	5.54E–08	3.99E–08
自然土地侵占	species·yr	0.00E+00	1.68E–08	1.68E–08	2.73E–08	1.91E–08
金属消耗	$	0.00E+00	5.35E–01	5.33E–01	6.94E–01	6.94E–01
化石燃料消耗	$	0.00E+00	1.47E+01	6.86E+00	1.07E+01	7.68E+00

a. DALY：伤残调整寿命年

b. species·yr：一年内物种消失的数量

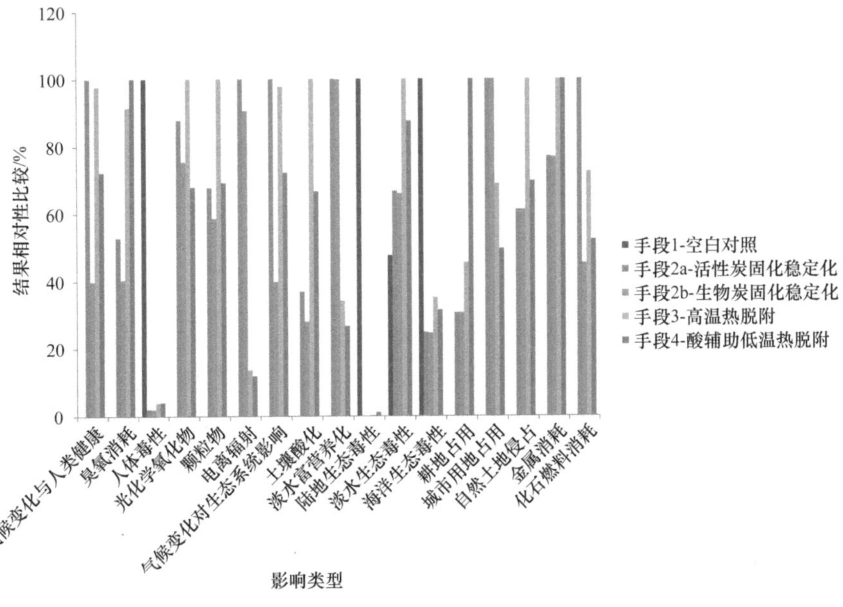

图 5-5　ReCiPe 端点指标法得出的各方面影响结果比较（彩图请扫封底二维码）

Ribbenhed 等（2002）采用热脱附的方式修复污染土壤，通过向土壤中鼓入热风去除多环芳烃、石油烃、汞等污染物，计算修复 1 t 汞污染土壤大约释放 150 kg CO_2-eq 的温室气体。Lemming 等（2010）对采用热脱附原位修复技术进行了生命周期影响评价，估计修复 1 t 三氯乙烯污染土壤大约释放 180 kg CO_2-eq 的温室气体。上述两种采用间接加热方式的热脱附技术，相比于高温热脱附和酸辅助低温热脱附更加节能环保。本章中，由于污染场地含有较高浓度的非单质汞，因此需要采用直接加热的方式，导致了较高的温室气体排放。对于采用固化稳定化修复汞污染土壤，目前还没有相关的生命周期评价研究。Gallagher 等（2013）用水泥作为固化剂修复放射性污染土壤，预计修复 1 t 土壤大约释放 530 kg CO_2-eq 温室气体。对放射性土壤的处置需要长距离的运输，因此导致了较高的温室气体排放，若将车运的方式改为铁路运输，Gallagher 等估计温室气体排放将降至 240 kg CO_2-eq，比本章中活性炭固化稳定化的排放更低。

可以看出活性炭固化稳定化的总体环境影响是最高的，若采用生物炭固化稳定化，总体环境影响将减少至原来的 58%，因为生物炭通过农业废弃物热解制得，每吨原料的利用可以抵扣 864 kg CO_2-eq 温室气体排放（Roberts et al.，2010）。虽然本章中对于每种修复手段的生命周期评价分析都具有一定程度的不确定性，但总体而言，生物炭固化稳定化具有最大的净环境效益。高温热脱附的总体环境影响位居第二，高于空白对比。若采用酸辅助低温热脱附，则其总体环境影响可以减少 25%，低于空白对比。这是因为相比于高温热脱附，酸辅助低温热脱附的能耗更低，并且修复后的土壤基本保持了原有的土壤性质，可以进行原位再利用（Ma et al.，2015）。生命周期影响评价结果显示，每种手段在不同的方面有着突出影响。如图 5-5 所示，空白对比（不采取修复措施）对人体健康危害最大；活性炭固化稳定化在气候变化、化石燃料消耗方面影响最大；而高温热脱附在光化学氧化物、颗粒物的生成，以及土壤酸化等方面影响最大。

二、敏感性分析

图 5-6 列举了对环境影响敏感性贡献度较高的因素。对于固化稳定化，到填埋场距离是主要影响因素，当运输距离减半时，活性炭固化稳定化将比高温热脱附的总体环境影响更低；当运输距离翻倍时，生物炭固化稳定化的总体环境影响是运输距离减半时的两倍，尽管如此，生物炭固化稳定化仍是 4 种修复方式中总体环境影响最低的。

热脱附过程产生的汞渣属于危废，需要对其采取永久性封存处置，因此汞渣的产量对环境的影响至关重要。此外，汞渣储存设施的建设管理费用高昂（Hagemann et al，2011）。本章中，汞渣的储存地点位于四川省自贡市的一个盐矿，对废弃盐矿的再利用可以减少设施投资，但是运输距离较远。如图 5-6 所示，当汞渣产量翻倍时，高温热脱附的总体环境影响高于活性炭固化稳定化；当汞渣产量减半时，酸辅助低温热脱附的总体环境影响与运输距离翻倍时的生物炭固化稳定化的类似。

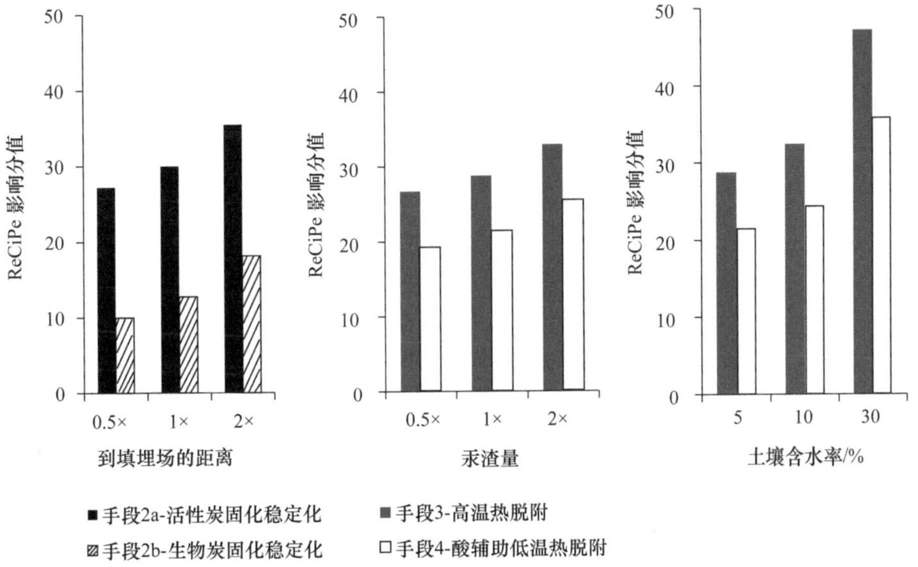

图 5-6　关键因素敏感性分析

热脱附修复对土壤湿度有着非常高的敏感性，本章中假设土壤经过干燥，含水率降至 5%。土壤湿度还受当地气候影响，若修复过程中气候较为潮湿，则土壤含水率会上升。根据图 5-6，当含水率升至 30%时，高温热脱附和酸辅助低温热脱附的总体环境影响都远远高于固化稳定化。

第五节　结果与讨论

一、贡献分析和方案优化措施

如图 5-7 所示，贡献分析得出了每种手段对环境影响贡献最大的环节。对于活性炭固化稳定化，总体环境影响主要来源于活性炭的使用。因此，活性炭的性能及其制备过程决定了活性炭固化稳定化生命周期影响的大小。本章采用硫改性粉末活性炭，因为其对汞的固化作用较好。X 射线吸收精细结构谱（X-ray absorption fine structure，XAFS）和扫描电镜（scanning electron microscope，SEM）结果显示，汞和硫形成了混合物附着在了活性炭表面，活性炭表面硫的浓度越高，汞附着的比例越大（Huggins et al.，1999；Karatza et al.，2000）。Zhang 和 Bishop（2002）的研究表明，硫改性粉末活性炭能够显著增强对汞的固化能力。向土壤中投加重量比 0.5%的普通活性炭，汞的吸附率为 31.0%，若采用硫改性粉末活性炭，汞的吸附率可以升至 95.6%。为了减少活性炭的用量，可以在固化稳定化修复汞污染土壤时采用硫改性粉末活性炭作为固化剂。

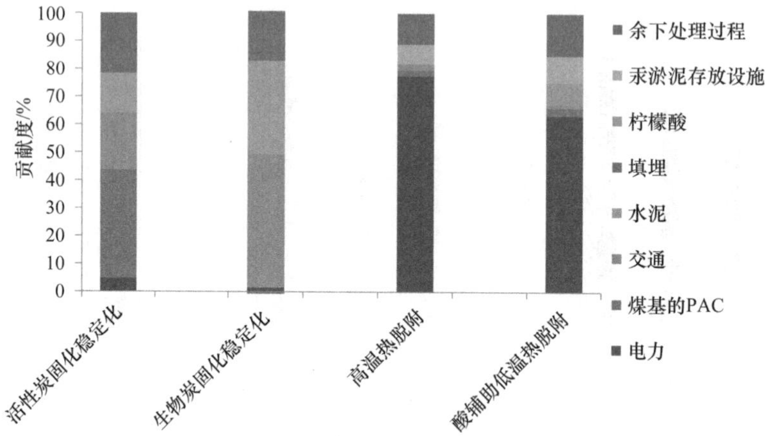

图 5-7　各种修复手段的子环节对总体环境影响的贡献（彩图请扫封底二维码）

固化稳定化修复后的土壤需要进行填埋处置，因此土壤的运输也是重要的影响因素，此结果与其他类似的研究结论一致（Busset et al.，2012；Cappuyns and Kessen，2012；Harbottle et al.，2007），因此可以使用排量低、能源利用率高的车辆运输处理后的土壤（USEPA，2008）。此外，水泥产品的选择和填埋处置也是固化稳定化总体环境影响的重要贡献因素，可以使用绿色水泥来代替传统水泥以降低总体环境影响（Imbabi et al.，2012）。

对于热脱附技术，电耗是最重要的总体环境影响的贡献因素，在高温热脱附和酸辅助低温热脱附中，分别占比 54%和 72%。Lemming 等（2010）研究表明，对土壤的加热环节在热脱附技术的总体环境影响中的占比达 50%～80%，与本章的结果一致。Ribbenhed 等（2002）研究表明，热脱附修复的用电环节占总体温室气体排放的 85%，因此可以通过节能工艺改善热脱附的能耗表现。热脱附的能耗主要来源于对土壤中矿物质及水分的加热，由于水的蒸发潜热高达 2260 kJ/kg，是土壤中矿物质的 5 倍，降低土壤含水率有利于节能降耗，因此进行热脱附处理之前需要对土壤进行干燥处理。另外，使用热交换器等方式对废热进行回收利用可以有效降低能耗。

二、生命周期评价在污染农田修复决策方面的应用

修复从业者越来越清楚地意识到，若修复行为仅仅只基于对当地环境风险影响的管控，将会忽视修复各个环节带来的环境影响。例如，使用酸辅助低温热脱附修复汞污染农田土壤可以有效降低汞的浓度，降低健康风险，但是同时会造成大量的能耗，导致环境影响的转移。在中国，82%的电力来源于燃煤发电（Tang et al.，2014），而燃煤发电本身也会导致健康风险，并消耗不可再生资源（Tang et al.，2014）。因此执政者在制定土壤修复政策的同时，必须考虑到修复行为本身对环境造成的影响。生命周期评价能够分析修复带来的跨时间、跨地域的环境影响，将其作为综合评价工具可以为决策者提供更加全面的考虑。

显然，生命周期评价的结果与场地条件息息相关，因此不能将一个场地修复的生命周期评价结果照搬到另一个修复项目。据统计，中国可能有上百万公顷的农田受到包括汞在内的重金属污染（MEP，2014）。对于决策者而言，若要解决如此大规模的场地污染问题，需要将各个场地的具体条件与生命周期评价的一般流程相结合（Hou et al.，2014b）。在进行决策时，不确定性和敏感性分析也起到了至关重要的作用，需要被纳入考虑。

本章研究结果表明，以生物炭为固化剂的固化稳定化和酸辅助低温热脱附相比于传统的固化稳定化和高温热脱附，具有更好的环境效益，可以作为目前汞污染农田修复的可行方案。对于以生物炭为固化剂的固化稳定化，其经济可行性尚不确定。Robert 等（2010）研究表明，制备生物炭所需原料每吨至少需要 40 美元。在中国，秸秆焚烧是大气颗粒物的重要来源之一（Liu et al.，2011），因此政府可以通过补贴或者提供设备等手段鼓励将秸秆制成生物炭。在本章的背景下，这种政策手段可以产生多方面的效益：减少碳排放、改善大气环境和农田质量。对于酸辅助低温热脱附，其修复效果目前仅在实验阶段证明可行，在真正投入应用前，还需要进行实地修复小试或者中试证实其有效性。此外，热脱附会杀死土壤表层的微生物，为了维持修复土壤的使用功能，可以在热脱附修复的土壤中添加有机质。

第六节　小　　结

本章的研究首次对汞污染农田土壤的两种热脱附修复和两种固化稳定化修复进行了生命周期评价对比。结果显示，修复 1 t 污染土壤，高温热脱附会导致 357 kg CO_2-eq 的温室气体排放；而固化稳定化采用的粉末活性炭会导致 365 kg CO_2-eq 的温室气体排放。对修复方案进行改进，结果表明，采用酸辅助低温热脱附可以

减少电耗，从而使 CO_2 排放当量减少至 264 kg；固化稳定化的固化剂采用生物炭代替粉末活性炭，由于制备过程生物质热解导致碳减排，从而使 CO_2 排放当量减少至 105 kg。通过生命周期评价，定义了两种修复技术中影响环境效益的关键环节，并对热脱附和固化稳定化修复过程中可持续性的提高给出了建议，包括使用本地产的生物炭，使用绿色水泥，采用热处理干燥土壤以降低土壤湿度，采用新技术降低热脱附的处理温度，回收热处理过程中产生的废热，运输过程使用低排量、高能源利用率的车辆等。

参 考 文 献

ATSDR. 1999. Toxicological profile for mercury, Georgia. Atlanta.

Bayer P, Heuer E, Karl U, et al. 2005. Economical and ecological comparison of granular activated carbon(GAC)adsorber refill strategies. Water Research, 39(9): 1719-1728.

Busset G, Sangely M, Montrejaud-Vignoles M, et al. 2012. Life cycle assessment of polychlorinated biphenyl contaminated soil remediation processes. The International Journal of Life Cycle Assessment, 17(3): 325-336.

Cappuyns V, Kessen B. 2012. Evaluation of the environmental impact of Brownfield remediation options: comparison of two life cycle assessment-based evaluation tools. Environmental Technology, 33(19-21): 2447-2459.

Chang T C, Yen J H. 2006. On-site mercury-contaminated soils remediation by using thermal desorption technology. Journal of Hazardous Materials, 128(2-3): 208-217.

Cheng J, Yuan T, Wang W, et al. 2006. Mercury pollution in two typical areas in Guizhou province, China and its neurotoxic effects in the brains of rats fed with local polluted rice. Environmental Geochemistry and Health, 28(6): 499-507.

Corbitt E S, Jacob D J, Holmes C D, et al. 2011. Global source—receptor relationships for mercury deposition under present-day and 2050 emissions scenarios. Environmental Science & Technology, 45(24): 10477-10484.

Cordy P, Veiga M, Bernaudat L, et al. 2015. Successful airborne mercury reductions in Colombia. Journal of Cleaner Production, 108: 992-1001.

Feng X, Dai Q, Qiu G, et al. 2006. Gold mining related mercury contamination in Tongguan, Shaanxi Province, PR China. Applied Geochemistry, 21(11): 1955-1968.

Feng X, Li P, Qiu G, et al. 2007. Human exposure to methylmercury through rice intake in mercury mining areas, Guizhou Province, China. Environmental Science & Technology, 42(1): 326-332.

Fisher A. 2012. Life-cycle assessment of *in situ* thermal remediation. Remediation Journal, 22(4): 75-92.

Frischknecht R, Jungbluth N. 2007. Overview and methodology. Ecoinvent Report No.1, Dubendorf.

Gallagher P M, Spatari S, Cucura J. 2013. Hybrid life cycle assessment comparison of colloidal silica and cement grouted soil barrier remediation technologies. Journal of Hazardous Materials, 250-251(2): 421-430.

Gavilán-García I C, Fernández-Villagomez G, Gavilán-García A, et al. 2015. Alternatives of management and disposal for mercury thermometers at the end of their life from Mexican health care institutions. Journal of Cleaner Production, 86: 118-124.

Goedkoop M, Heijungs R, Huijbregts M, et al. 2013. ReCiPe 2008, a life cycle impact assessment method which comprises harmonised category indicators at the midpoint and the endpoint level; First edition Report I: Characterisation.

Hagemann S, Brasser T, Beier F, et al. 2011. Analysis of options for the environmentally sound management of surplus mercury in Asia and the Pacific.

Harbottle M J, Al-Tabbaa A, Evans C W. 2007. A comparison of the technical sustainability of *in situ* stabilisation/solidification with disposal to landfill. Journal of Hazardous Materials, 141(2): 430-440.

Hauschild M Z. 2005. Assessing environmental impacts in a life-cycle perspective. Environmental Science & Technology, 39(4): 81A-88A.

Hou D, Al-Tabbaa A, Guthrie P, et al. 2014a. Using a hybrid LCA method to evaluate the sustainability of sediment remediation at the London Olympic Park. Journal of Cleaner Production, 83: 87-95.

Hou D, Al-Tabbaa A, Luo J. 2014b. Assessing effects of site characteristics on remediation secondary life cycle impact with a generalized framework. Journal of Environmental Planning and Management, 57(7): 1083-1100.

Huggins F E, Huffman G P, Dunham G E, et al. 1999. XAFS examination of mercury sorption on three activated carbons. Energy & Fuels, 13(1): 114-121.

Imbabi M S, Carrigan C, McKenna S. 2012. Trends and developments in green cement and concrete technology. International Journal of Sustainable Built Environment, 1(2): 194-216.

ISO. 2006a. ISO 14040: Environmental management—life cycle assessment—principles and framework. Environmental Management, 3: 28.

ISO. 2006b. ISO 14044: Environmental management—life cycle assessment—requirements and guidelines. Environmental Management, 3: 54.

Johnson M L, Lai H Y, Wortman D. 2008. Preventing mercury emissions from coal-fired power plants using environmentally preferable coal purchasing practices. Journal of Cleaner Production, 16(6): 716-721.

Karatza D, Lancia A, Musmarra D, et al. 2000. Study of mercury absorption and desorption on sulfur impregnated carbon. Experimental Thermal and Fluid Science, 21(1-3): 150-155.

Larson H J. 2014. The minamata convention on mercury: risk in perspective. The Lancet, 383(9913): 198-199.

Lee K J, Lee T G. 2012. A review of international trends in mercury management and available options for permanent or long-term mercury storage. Journal of Hazardous Materials, 241-242(1): 1-13.

Lemming G, Hauschild M Z, Chambon J, et al. 2010. Environmental impacts of remediation of a trichloroethene-contaminated site: life cycle assessment of remediation alternatives. Environmental Science and Technology, 44(23): 9163-9169.

Li P, Feng X, Shang L, et al. 2008. Mercury pollution from artisanal mercury mining in Tongren, Guizhou, China. Applied Geochemistry, 23(8): 2055-2064.

Liu Z, Xu A, Long B, et al. 2011. Energy from combustion of rice straw: status and challenges to China. Energy and Power Engineering, 3(3): 325-331.

Ma F, Peng C, Hou D, et al. 2015. Citric acid facilitated thermal treatment: an innovative method for the remediation of mercury contaminated soil. Journal of Hazardous Materials, 300: 546-552.

MEP. 1996. Integrated emission standard of air pollutants GB16297-1996.

MEP. 2014. National Soil Contamination Survey Report. Beijing, China: Ministry of Environmental Protection.

Metcalf S M, Veiga M M. 2012. Using street theatre to increase awareness of and reduce mercury pollution in the artisanal gold mining sector: a case from Zimbabwe. Journal of Cleaner Production, 37(4): 179-184.

Pirrone N, Aas W, Cinnirella S, et al. 2013. Toward the next generation of air quality monitoring: mercury. Atmospheric Environment, 80(6): 599-611.

Pirrone N, Cinnirella S, Feng X, et al. 2010. Global mercury emissions to the atmosphere from anthropogenic and natural sources. Atmospheric Chemistry and Physics, 10(13): 5951-5964.

PReConsultants. 2014. SimaPro 8.0.3.14.

Qian J, Zhang L, Chen H, et al. 2009. Distribution of mercury pollution and its source in the soils and vegetables in Guilin area, China. Bulletin of Environmental Contamination and Toxicology, 83(6): 920-925.

Ribbenhed M, Wolf-Watz C, Almemark M, et al. 2002. Life cycle assessment of remediation technologies for contaminated soil and sediment. IVL report, Stockholm, Sweden.

Roberts K G, Gloy B A, Joseph S, et al. 2010. Life cycle assessment of biochar systems: estimating the energetic, economic, and climate change potential. Environmental Science & Technology, 44(2): 827-833.

Suer P, Andersson-Sköld Y. 2011. Biofuel or excavation?-life cycle assessment (LCA) of soil remediation options. Biomass and Bioenergy, 35(2): 969-981.

Suh S, Lenzen M, Treloar G J, et al. 2004. System boundary selection in life-cycle inventories using hybrid approaches. Environmental Science & Technology, 38(3): 657-664.

Sundseth K, Pacyna J M, Pacyna E G, et al. 2010. Economic benefits from decreased mercury emissions: Projections for 2020. Journal of Cleaner Production, 18(4): 386-394.

Tang D, Li T Y, Chow J C, et al. 2014. Air pollution effects on fetal and child development: a cohort comparison in China. Environmental Pollution, 185(4): 90-96.

Ullrich S M, Tanton T W, Abdrashitova S A. 2001. Mercury in the aquatic environment: a review of factors affecting methylation. Crit Rev Environ Sci Technol, 31: 241-293.

UNEP. 2013. Global Mercury Assessment: Sources, Emissions, Releases and Environmental Fate. UNEP.

UNEP. 2015. UNEP Minamata Convention on Mercury. UNEP.

USEPA. 2002. Beyond RCRA–waste and materials management in the year 2020, EPA530-R-02-009. United States Environmental Protection Agency.

USEPA. 2007. Treatment technologies for mercury in soil, waste, and water. United States Environmental Protection Agency.

USEPA. 2008. Green remediation: incorporating sustainable environmental practices into remediation of contaminated sites. United States Environmental Protection Agency.

Vigil M, Marey-Pérez M F, Huerta G M, et al. 2015. Is phytoremediation without biomass valorization sustainable?—comparative LCA of landfilling vs. anaerobic co-digestion. Science of the Total Environment, 505: 844-850.

Wang J, Feng X, Anderson C W N, et al. 2012. Remediation of mercury contaminated sites-a review. Journal of Hazardous Materials, 221-222(4): 1-18.

Weidema B P, Hischier R, Mutel C, et al. 2013. Overview and methodology. Data quality guideline for the ecoinvent database version 3. Ecoinvent Report 1(v3).

Weidema B P, Wesnæs M S. 1996. Data quality management for life cycle inventories—an example of using data quality indicators. Journal of Cleaner Production, 4(3): 167-174.

Xu J, Bravo A G, Lagerkvist A, et al. 2015. Sources and remediation techniques for mercury contaminated soil. Environment International, 74: 42-53.

Zhang J, Bishop P L. 2002. Stabilization/solidification (S/S) of mercury-containing wastes using reactivated carbon and Portland cement. Journal of Hazardous Materials, 92(2): 199-212.

第六章　污染场地绿色可持续修复应用案例

绿色可持续修复的概念近两年来刚刚被引入中国，目前人们对绿色可持续修复的认识还处于比较模糊的阶段。在修复的各个阶段，可以通过采取最佳管理措施（best management practice，BMP）实现绿色可持续修复目标。为了绿色可持续修复运动更好地开展，对已有案例的研究十分重要，通过对发达国家绿色可持续修复实践的回顾，我们可以总结经验，少走弯路。本章我们提供了 3 个完整的案例，以及在修复过程中应用的 5 个最佳管理措施案例。

第一节　德国酸焦油污染渗坑修复

酸焦油是石油化工和煤化工化学品加工过程产生的成分复杂、毒性高的副产物。一直以来，酸焦油污染是场地修复的一个难题，截至 2007 年，英国鲜有成功的酸焦油污染渗坑（acid tar lagoon，ATL）修复案例（Pensaert，2005）。英国学者 Simon Talbot 等整理了德国关于酸焦油污染渗坑可持续修复的案例，总结了相关经验，可供我们修复类似污染场地时借鉴。

Simon Talbot 等将传统的酸焦油污染渗坑修复方法归纳为三类：阻隔覆盖技术、稳定化技术和水泥窑协同处置技术（Pensaert，2005）。酸焦油的暴露会导致挥发性有机污染物（volatile organic compound，VOC）及二氧化硫的挥发，通过原位阻隔覆盖能够有效隔绝酸焦油与外界的接触，防止污染扩散，但难以对污染实现全面的阻隔，是一种临时性的处理方式。稳定化技术则是将污染物挖出后，使用以石灰为主的稳定剂调节 pH，使污染物钝化后填埋处置。固化稳定化能够有效处理污染物，但其次生的问题也很明显，石灰反应放热导致挥发性有机物和二氧化硫等有害物质扩散，威胁施工人员的健康。因此，固化稳定化的应用也存在很多的局限性（Pensaert，2005）。水泥窑协同处置能够有效地处理污染物，但需要对水泥窑烟气的排放进行控制，水泥生产商和客户也担心水泥窑协同处置酸焦油后导致产品的硫含量升高影响产品质量。

社会经济方面，修复项目在基于相关环保政策和标准要求的前提下，既要考虑修复的经济可行性，又要考虑利益相关各方对修复行为的反馈。本章介绍的德国酸焦油修复项目在严苛的环境标准下完成了可持续性的修复（Gruss，2005），是综合考虑了各方面因素的成功案例。

一、案例背景介绍

案例修复所涉及的酸焦油渗坑位于民主德国的 Motimol DDR 炼油厂。该炼油厂原属于国有企业，1991 年被 Baufeld 公司收购。在分裂时期，德国对环境问题并不重视，德国统一后，随着环境监管越来越严，污染的问题便暴露出来。为了处理历史遗留的污染，德国政府出台了相关的财政补贴政策，修复这些遗留污染场地的大部分资金由政府承担。该炼油厂周边有 5 个酸焦油渗坑，污染物总量达 120 000 m^3。有了政府资金支持的 Baufeld 公司开始了一系列的修复探索，目前已经成功修复了其中 3 个酸焦油渗坑，共处理了 95 000 t 酸焦油，剩余两个酸焦油渗坑的修复正在实施，也就是本章即将分析的修复案例。

根据 Simon Talbot 等的调查，Baufeld 公司尝试了许多酸焦油渗坑的修复方案，其中包括：①酸焦油挖掘后阻隔封存；②酸焦油制成替代燃料电厂发电；③酸焦油经物化方法稳定后填埋处置；④酸焦油污染土壤填埋处置；⑤酸焦油乳状液泵提处理。根据生命周期评价，酸焦油经稳定化后，作为替代燃料电厂发电能够完全去除污染物，并且减少环境排放，是较为理想的修复方案。

二、监管条例

在德国，历史性污染场地在进行再开发之前，都需依据风险管控，修复至满足现在或未来的土地使用需求标准。与英国类似，德国的污染物浓度控制标准因场地用途而异，相关的标准由联邦政府负责制定，州政府则负责具体污染场地修复的实施。德国政府有权力划定污染场地修复的责任方，通常来说责任方都是场地业主。政府通过州、郡县和地区三个层次对修复相关的许可证的管控实现对修复活动的监管。除此之外，在修复之前修复施工单位需要向地方监管部门提交详细的修复方案，内容包括前期调研、场地勘探及修复的细节。地方监管部门会基于该方案进行公众审查，必要时征求公众的意见。

三、社会认知

该案例中，由于酸焦油渗坑毗邻住宅区，周边社区公众的健康安全和对项目的意见尤为重要。为了提高公众满意度，施工方采取的主要措施包括：①加强场地污染物排放的监测；②及时与公众沟通，做好信息披露工作。为了保证周围居民的健康与安全，独立的咨询单位作为第三方监管机构，对酸焦油的排放和空气质量施行了严格的监测，除了常规的气候条件因素外，还对酸焦油排放的指示性污染物二氧化硫进行了连续监测（Pensaert，2005）。监测范围覆盖了整个修复场地，并以酸焦油暴露区和与住宅区相连接的边界区域作为重点区域。由于酸焦油的强挥发性，在场地的边界处还设有咨询公司的巡视组进行不定期巡查，检查空气中是否有可疑的气味，最后监测的结果都将直接上报至当地政府监督机构。在每周的项目管理例会上，Baufeld 公司需要向第三方环境咨询机构及当地政府监管部门报告项目进展，以确保项目信息的公开和透明。

尽管修复实施方采取了一系列措施提高公众对修复的满意度，但由于酸焦油污染的特性，在修复过程中产生异味和噪声在所难免，因此与项目周边居民进行多方面的沟通和解释以避免误解是必要的。本案例中，项目负责人采取了会议及公开演讲的方式对公众进行修复有关方面的知识普及和沟通。经过与周边居民和咨询单位商议后，在其中一个距离民宅仅 50 m 的酸焦油渗坑修复时，修复施工方在对污染物挖掘的过程中采取了全密闭措施，施工人员在负压条件下完成施工，同时对抽出的有毒气体进行无害化处理。

四、经济可行性

相比于其他可行的修复手段，采取异位稳定化后制成替代燃料电厂发电有三方面的经济优势。

1）该方案是等同成本的修复方案中最为保守、安全且高效的修复方案。

2）由于附近有燃煤电厂，该方案可以就近对污染物进行资源化利用。

3）长期来看，相比于填埋的处置方式，随着填埋场地日益减少，以及填埋费用日益升高，选择将酸焦油作为燃料将节省大量填埋开支。

五、工程技术管理

（一）挖掘时的污染物挥发控制

基于酸焦油的挥发特性，在挖掘运输时不可避免地会有二氧化硫、挥发性有机物等有害物质扩散至空气中。为了保证施工人员及周边居民的安全，避免二次污染，对修复过程中污染物挥发的控制尤为重要。一方面，在从酸焦油被挖掘到运输出场地的过程中需要控制挥发；另一方面，原本的酸焦油渗坑在扰动后会加剧挥发，也需要采取控制措施减少污染挥发。

对酸焦油挖掘与运输过程的挥发控制主要采取密封的方式。图 6-1 描述了该过程各个阶段的密封措施。所有的运输车辆驾驶室都配备了活性炭空气过滤器，以保证工作人员的工作环境安全。

挖掘和运输过程的酸焦油挥发仅占有害物质挥发的小部分，酸焦油渗坑受到扰动后的挥发是污染物扩散的主要来源。对于小型的酸焦油渗坑，可以通过建立

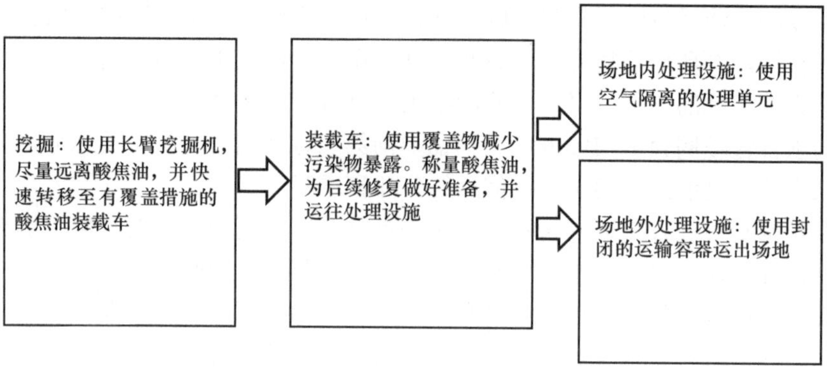

图 6-1　酸焦油挖掘中的挥发控制

密闭的负压环境，主动收集和净化扩散至空气中的污染物。而对于大型酸焦油渗坑，为了控制污染物扩散，需要使用大功率的吹风机来降低场地空气中的污染物浓度（Smith，1996），或者在酸焦油表面覆盖石灰层（Pensaert，2005）。

（二）制成替代燃料过程

酸焦油经过处理制成燃煤发电厂的替代燃料，该过程主要包含以下步骤。

1）在酸焦油中加入木屑，降低其黏稠程度，为下一步做准备。

2）混合中和，添加特定种类的棕煤灰，棕煤灰中含有的游离碳酸盐及氧化钙能够中和固化酸焦油（Pensaert，2005）。

为了控制污染扩散，替代燃料的制备过程是在封闭的系统中完成的，系统经过脱硫塔脱硫及尾气燃烧除去挥发性有机物后进行达标排放。处理后的酸焦油作为替代燃料进行发电时的添加比例为 5%，为了消纳所有的酸焦油替代燃料，工作人员在电厂建立了一个专门的储存设施。对于酸焦油渗坑周边的污染土壤，采取固化稳定化措施后进行填埋处置。

六、案例经验总结

德国的酸焦油渗坑修复是此类修复可供我们学习的典型案例，该项目在实施过程中基本遵循了绿色可持续修复的原则。经济方面，酸焦油渗坑的修复采用了污染物稳定化并制成替代燃料的处理处置方法，对污染物进行了资源化利用，并大大减少了填埋的费用。社会方面，该项目在不同利益相关方严格的监管下进行，并且保持了修复信息对公众的公开，针对不可避免的异味等短期环境扰动，与周边居民及时进行了沟通，保持了良好的社区关系。环境方面，该项目在有序推进完成治理目标的同时，采取了有效措施控制修复产生的二次影响（主要是污染物的挥发扩散）。

第二节　英国伦敦奥林匹克公园的可持续修复

在伦敦奥林匹克公园的建设中，大面积污染场地的清理和再开发是一项巨大的成就。完成如此规模的场地修复工程通常需要 5～15 年，但该修复项目团队仅用了不到 3 年，在业界堪称典范。本节对场地的修复实践进行了深入剖析，项目数据来源于多种渠道，包括项目文件、有关文献及对项目人员的专访。

大型项目往往需要耗费大量的资金、人力和物力，20 世纪 60～80 年代，人们经常因其对环境和社会造成的负面影响而对其进行批判，由此导致了 20 世纪 80～90 年代大型项目的锐减（Orueta and Fainstein，2008）。进入世纪之交，大型项目又开始复兴（Fainstein，2008；Orueta and Fainstein，2008），如万众瞩目的悉尼奥运会、北京奥运会、伦敦奥运会。不同的是，人们在大型项目的建设上越来越重视可持续发展的理念。2008 年的北京奥运会，遵循“绿色、科技、人文”的主题，我国花费了 122 亿美元来改善环境（Beyer，2006）。2012 年伦敦奥运会的环保主题是“一个星球奥运会”，旨在推进英国人们绿色的生活方式（ODA，2007d）。为了响应该主题，主办方致力于发展污染严重及贫困的地区作为奥林匹克公园。再开发过程中，涉及污染场地和河流底泥的修复（ODA，2007b）。

大型棕地的再开发往往有较高的经济效益，但有时也会饱受争议。例如，为了开展 2000 年悉尼奥运会而筹备的一个修复项目，就被人们批判为“一个廉价、肮脏、快速、方便的决策”（Lenskyj，1998）。因此，在针对大型项目而采取的修复过程中采用可持续策略是至关重要的，但其并不完全等同于在前文所述的绿色可持续修复，因为针对大型项目的修复更多地受到修复期限和预算的限制。

一、案例背景介绍

伦敦奥林匹克公园位于伦敦东部的利河谷区，距伦敦中部约 5 km，跨越伦敦市哈克尼区、纽汉区、陶尔哈姆莱茨区和沃尔瑟姆福雷斯特行政区的边界（ODA，2007a）。被再开发之前，该地区发展落后，基础设施破败。在该区域曾建有石油精炼厂、化工厂、仓库、垃圾填埋厂等设施，由于环境污染及管理不善，当地的大量土地资源被废弃或者闲置，市政排水能力不足，雨量大时未经处理的污水溢出直接流入利河。场地调查发现，当地的土壤和地下水污染情况复杂，污染物包括半挥发性和挥发性有机化合物、石油烃、重金属、氰化物、氨类等。

我们利用现有的项目数据，对该案例研究进行回顾性分析，结合伦敦奥林匹克公园的发展历史与现状，分析包括修复在内的可持续性战略决策。本节参考的项目资料中，其中超过 10 000 个项目文件是从政府规划部门的网站下载的，其他文件是按照《信息自由法》的使用要求从奥运会交付管理局（Olympic Delivery Authority，ODA）直接获得的。第二个信息来源为相关的政府机构和非政府组织发表的 100 个报告及有关新闻和媒体报道。此外，这些信息还被用来总结与社会经济可持续发展有关的经验和挑战。第三个信息来源是对参与奥林匹克公园场地修复工程的两位匿名决策者的访谈，我们基于此对修复过程中的挑战和经验教训进行总结。

该场地修复案例虽然只是个案，但其涉及许多不同类型和不同程度的污染，并且具有规模大、修复周期限定的特点，对于探索棕地修复与再开发的可持续性具有代表性。

棕地的再开发和可持续修复

棕地的再开发涉及许多大型的项目，而棕地往往由于人类活动而受到污染，进行再开发之前需要修复。例如，2000 年悉尼奥运会的场址之前曾用于无节制的工业生产及垃圾填埋。为了进行再开发，污染土壤被集中封存，污染土壤周边的区域作为开放空间或临时停车场（Short，1993）。虽然土壤的清挖避免了原场地污染，但污染土壤、地下水和底泥的清理面临巨大挑战。

可持续修复是一个近十年提出的相对较新的概念，除了对风险管控的考虑，可持续修复在欧洲的主要考虑是“发展”和“节省成本”，更多地与可持续发展相结合（NICOLE，2008）。判断一种修复措施是否是可持续的标准有很多，Al-Tabbaa 等（2007）对此进行了总结。

1）修复的收益大于修复的成本。

2）修复过程对环境的影响低于不做修复对环境造成的影响。

3）修复过程对环境造成的影响可量化，且最小化。

4）考虑修复对环境造成的长期影响与代际风险。

5）决策过程需要各利益相关方的有效参与。

实施绿色可持续修复，需要充分认识修复本身带来的负面影响（Ellis and Hadley，2009）。如前文所述，生命周期评价可以作为决策依据，评价修复的环境负面影响。通过一系列措施减少修复的生命周期影响，已成为当前可持续修复运动的核心。例如，在格拉斯哥 2014 年英联邦运动会场地修复项目中，修复人员计算了项目的生命周期“碳足迹”，从而确定了二氧化碳的主要来源。对于正在进行的项目来说，生命周期评价是一个有效的管理工具（Sampson et al.，2013）。

二、决策流程及可持续修复策略

对场地修复的整体决策涉及几个关键利益相关方：当地规划部门、环保部门、规划顾问和设计/施工承包商。该案例中，主要的监管机构是奥运会交付管理局的规划决策团队（planning decision team，PDT）。规划决策团队根据 2006 年伦敦奥运会及残奥会法案建立，负责地方的规划决策工作。当地环保部门则作为一个专业管理顾问，在主要的许可证批准及其详细的流程方面为设计者和承包商提供指导，同时，它也保留独立性来审查设计师和承包商的工作。总的来说，该项目从决策到实施，有诸多利益相关方的参与。

修复的整个过程包括以下 5 个步骤。

1）场地调查，基于调查结果制定详细的修复方案。

2）制定通用修复策略（global remediation strategy，GRS），确定针对场地的施工准则和步骤。

3）根据场地区域特点，确定分区域的修复需求与方案。

4）细化修复的实施与评估方案。

5）实施修复计划，修复后进行验收，完成验收报告。

奥运会交付管理局负责奥运会新场馆和基础设施的建设与移交，已发布的奥运会交付管理局可持续发展战略（ODA，2007d）涉及众多可持续发展目标：降低二氧化碳排放费、水资源消耗、垃圾产生、材料使用、生物多样性与生态环境影响，提供良好的社区环境及交通运输条件，改善人居环境等。这些可持续发展目标与棕地的修复息息相关。

三、可持续修复技术选择与应用

（一）可行的修复设计

场地的修复工作第一步是场地调查，在此基础上，建立场地概念模型，设计场地修复方案。为了给不同特点的受污染区域的修复工作提供通用指导，减少设计和管理成本，降低项目风险，人们提出了通用修复策略的概念（ODA，2007b）。通用修复策略参考了污染场地管理程序模型（EA，2004），但风险评估的管理主要是使用基于风险的纠正措施模型。在该案例的场地概念模型中，污染暴露受体包括观众、运动员、政府官员及当地儿童。建筑工人被排除在外，因为通过建设施工安全管理措施，建筑工人的安全风险会大大降低。

在通用修复策略的基础上，根据 20 个建筑区的不同特点，对每一个区域都设计了特定的场地修复策略。不同于通用修复策略，特定的场地修复策略考虑具体场地的特征情况，使用了一系列的毒性参数来设计在不同场地使用情况下的土壤和地下水的清理标准。清理标准根据土壤的深度和特定区域的土地利用类型的不同而不同（ODA，2007b），表 6-1 以土壤中苯的清理标准为例进行了说明。对于奥运场馆使用的 1 m 以下的硬质景观用地来说，苯的最大清理标准是 27 505 mg/kg；

而对于奥运村使用的 1 m 以上的遗留地来说，苯的最小清理标准是 0.023 mg/kg。可以看出，同一污染物在不同使用情景下的清理标准跨越了 6 个数量级。以风险为目的的修复管理，可以显著减少需要主动修复的区域数量。同时，施工方为了保护人类的健康，在场地上设立了一个 0.6 m 厚，由碎砖、混凝土、砂砾等组成的隔离层，使所有残留污染物与住户隔绝，并在隔离层的底部设置了土工布作为标记层。

表 6-1　土壤中苯的无害清理标准　　（单位：mg/kg）

用地类型	1 m 以下		1 m 以上	
	奥运场馆	遗留地	奥运场馆	遗留地
软质景观地	150	43	21	6.1
硬质景观地	27 505	7 934	4 126	1 190
奥运村	—	0.042	—	0.023
露天大型体育场	3.6	1.9	2.7	1.4

（二）可持续修复技术和行动

在选择可持续修复技术时，奥运会交付管理局有两方面的考虑（ODA，2007c）。

1）处理技术消耗的能源及碳足迹最小。

2）满足长期管理需求，尽量避免再次修复。

这两个考虑分别涉及了环境、社会和经济的可持续发展，基于这些可持续发展的考虑，奥运会交付管理局对可行的土壤修复技术进行了排序：①综合处理；②生物修复；③土壤淋洗；④热脱附。地下水修复技术通常的排序如下：①地下水主动修复处理；②地下水被动修复处理（径流阻断）。在修复实施过程中，场地被分为了南北两个区域，分别由两个承包商进行修复施工。表 6-2 总结了项目的主要修复过程和可持续性实践，其中最大的可持续性成就是对 70 万 m^3 污染土壤的淋洗和再利用。如表 6-2 所述，与传统填埋方案相比，此方法减少了实质上的环境影响。在修复的高峰时段，有 5 个土壤淋洗设备同时运行。如此大规模地应用土壤淋洗技术使奥运会交付管理局在 2009 年赢得了棕地修复奖项及环境可持续与再生奖（CSL，2010）。

四、生命周期评价

如前所述，使用土壤淋洗有显著的可持续发展收益，为了估算土壤淋洗生命周期的环境效益，可以对土壤淋洗法和垃圾填埋法通过定量生命周期评价法进行

表 6-2 伦敦奥林匹克公园中的修复工作及可持续实践

工作阶段	工作范围	可持续实践及成就
场地调研、拆迁和清理	约 3500 个调研点，相距约 25 m；拆迁约 200 栋建筑；产生了 454 000 t 废物	拆迁清理的废弃材料 98%得到重复利用或回收
分离层的开挖与布置	挖掘约 200 万 m^3 土壤；布置 0.6 m 厚的分离层	回收再利用拆迁产生的建筑垃圾
污染土壤的处理	土壤淋洗 70 万 m^3，复合分类 8.2 万 m^3，原位稳定 5 万 m^3，生物修复 3 万 m^3	土壤淋洗后 80%～85%作为砂石得到重复利用，15%～20%作为含淤泥、黏土、有机质的滤饼处理；生物修复土壤被用作填充物
污染地下水的修复	抽出约 20 万 m^3 的污染地下水，利用原位氧化还原、原位生物修复及防渗墙处理	使用创新的原位处理技术

对比。该方法按照国际标准执行，分为 4 个步骤：①确定目标和范围；②生命周期清单分析；③生命周期影响评价；④生命周期解释。将修复 70 万 m^3 的污染土壤确定为 LCA 方法的目标。在实施过程中，生命周期清单数据根据 ISO 14040 关于 LCA 的标准（ISO，2006）进行收集。该系统边界包括原材料的获取、能源消耗、交通运输、场地操作和废弃物的处置。土壤经过淋洗处理后再利用，避免对清洁土壤的需求，因此减轻的环境负担也被计算在内。使用现有的数据库（主要是瑞士 ecoinvent 数据库），收集上游和下游的物流量与排放数据（Frischknecht et al.，2007），采用配方影响评价方法（Goedkoop et al.，2013）对造成的影响进行评估。配方影响评价方法利用 USES-LCA（van Zelm et al.，2009）模拟多重介质媒质、暴露和影响。配方影响评价方法具有中点指标法和端点指标法。本章使用默认的 ReCiPe 端点指标法——等级机制法，ReCiPe 方法包括 3 个主要影响类别：生态系统、人类健康和资源。端点指标法可以将各种影响类别的结果整合为单一的评分结果，从而能对管理与决策导向的设定作出直接的解释。评价结果可以比较土壤淋洗法与直接填埋法的环境可持续性。

如图 6-2 所示，使用土壤淋洗技术明显降低了生命周期对环境的影响。在生态系统影响范畴内，土壤淋洗的环境影响是–28 847，这表明土壤的再利用减排量超过了土壤淋洗本身的排放量。相比之下，如果使用填埋法，将对环境造成 181 845 点影响。在影响人类健康的范畴中，土壤淋洗把生命周期影响从 725 277 点减至 92 645 点，减少了 87%。在资源范畴中，土壤淋洗把生命周期影响从 973 319 点减到 123 423 点，也减少了 87%。

从 LCA 的结果来看，与填埋法相比，土壤淋洗法对生态系统和人类健康的影响较小，同时也节省了资源投入。本章结果与 2014 年英联邦运动会运动员村的研究结果（Sampson et al.，2013）一致，结果均表明土壤淋洗比直接挖掘清理的碳足迹更低。研究表明，土壤淋洗比直接填埋有更高的可持续性收益。这可能是因为两项研究所使用的填埋场不同，也可能是因为伦敦奥林匹克公园回收的土

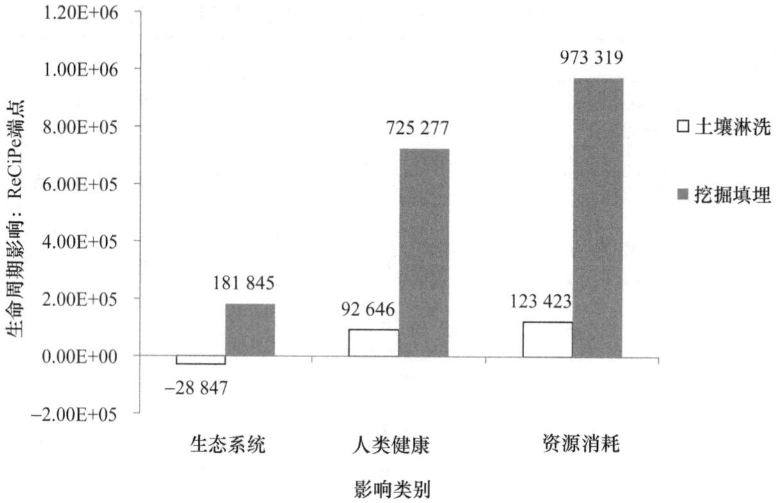

图 6-2　用配方端点指标法-等级机制评估生命周期影响

土壤淋洗的影响包括挖掘与淋洗，挖掘填埋的影响包括挖掘与填埋

壤直接在当地使用，不需要再输入等量的清洁土壤填充。

应该注意，土壤淋洗并不能彻底去除土壤中所有的污染物。从长远来看，土壤中的污染物残留存在一些不确定性，尤其是当场地用途发生改变时。在 LCA 过程中，这种场地用途的变化是不可能考虑到的，污染物残留的长期风险难以评估。必要情况下可以实施适当的制度控制措施，以确保这种风险最小化。在奥林匹克公园，若残留污染物超过一定水平，则实行一些强制措施，如不能用于私人种植或产出粮食。从技术的角度来说，为了推进土壤淋洗的应用，发展更高效率的去除技术非常重要，以便消除对制度性控制措施的依赖。在奥林匹克公园淋洗土壤中得到的另一个教训是：土壤淋洗并不总是适合用来回填。一种入侵物种，日本紫菀，开始在上述一些地区生长，原因可能是：一些重复利用的淋洗土壤污染沉积物可能含有日本紫菀的种子。尽管还不能完全确定，但这对于以后的土壤淋洗技术的实施也是一个重要的教训，需要把洗过的土壤和沉积物回填到更深的深度以避免产生这样的问题。

五、社会和经济可持续性

公众认可、信息公开，促进就业与商业发展、社会福利等作为主要的社会和经济可持续性考虑，对污染场地修复有直接或间接的影响。因此，在场地修复行动的规划和实施过程中，也要考虑关于社会和经济的可持续发展。

首先，在修复过程中要保护文化资源，值得一提的是，虽然这在英国已是标准做法，但世界其他地方并不是这样做的。作者认为，这种可持续的做法应纳入今后的大型项目中，尤其是在发展中国家实施的项目。在本项目中，伦敦考古博物馆（MoLAS）决定在全场地范围内进行考古调研，并将画有进行考古规划的沟槽的地图写入规划。在每个施工区开始施工前，都要先进行考古和建筑遗产调查、挖掘和记录，一旦发现遗迹，立即停止施工，并在 24 h 内通知英国文化遗产保护机构。在现场准备和修复过程中，挖掘出了 140 多个考古坑，发现了 10 000 多个考古对象，如一艘 19 世纪的船，一段 18 世纪的巷道，铁器时代的骷髅和一座青铜时代的小屋。

其次，修复工作鼓励利益相关者参与。可持续发展战略在对关键利益相关者进行广泛咨询的基础上得以发展，主要包括各级政府、私营部门、当地社区和非政府组织。一位受访者表示，有 50～60 个利益相关者参与，其中包括大量的政府机构，如 5 个地方当局。利益相关者的参与会对修复规划产生影响。例如，土壤淋洗技术能得以推广，利益相关者功不可没（Maiden and Gray，2013）。在修复过程中，采取了以下措施来减轻当地社区和公众的担忧。

1）经常与邻近居民进行沟通。

2）为当地居民提供 24 h 热线服务。

3）组织当地居民到修复场地参观，让他们亲眼看到修复的过程。

4）采取广泛的公害缓解措施（如降低噪声和抑制粉尘）。

5）居民的投诉可立即得到解决。例如，一些居民抱怨夜间照明装置的强光，马上就得到调整。

本章的调查结果和之前的结果一样，都表明直接利益相关者对修复决策的影响是有限的，但制度化的利益相关者却有着非常重要的影响（Hou et al.，2014）。

最后，在这个修复项目中，最重要的可持续性收益大概是东伦敦的转型。奥林匹克公园是在一个巨大的、废弃的、污染严重的场地上，通过土地征用、修复、开发的全面规划而发展起来的。根据正在进行的遗产改造项目（LLDC，2013），奥林匹克公园将成为伦敦最具活力的城区之一，为当地创造机会和转型，促进东伦敦的融合与新生。奥运会结束后场地将包括 6 个永久性的体育场馆、91 000 m^2 的商业区域、200 000 m^2 的零售市场区域和 10 000 间新房（DCMS，2013）。该场地的修复和重建也带动了就业，有巨大的社会效益。其中场地建设为当地居民提供了 9700 多个工作岗位，Westfield Stratford 新城为居民提供了 10 000 个永久性的工作岗位，其中 3000 个岗位解决了纽汉区居民的就业问题（DCMS，2013）。很难确定这些工作机会有多少是由棕地的再开发创造的，但很显然，棕地再开发能给当地贫困地区的大量失业人口带来工作机会。

六、经验与挑战

这个大工程面临的最大挑战之一就是场地居民的拆迁动员。在 2007 年项目启动之前，在该场地上工作、生活的人有很多，据受访者所言，1 个月内有近 5000 人从该场地搬进了政府建造的住所，这不仅要面临后勤方面的挑战，还要面临情感方面的挑战，正如项目团队的一名高级官员所说：人们住在这里有很长时间了，有些企业在此已发展了几个世纪，他们感情上很难接受，这是一个社会难题。在拆迁过程中值得我们学习的是：充分的准备（如住宿和后勤保障），以及对搬迁人员真诚的关怀都会使整个拆迁流程更顺利。

这个项目的另一个挑战是时间的紧迫性。修复对象是有着 200 多年工业用地历史的 246 hm^2 的土地。这么大的土地的修复工作通常需要 5～15 年来完成，但是这块场地的修复只用了不到 3 年，有以下几个因素可能解释这个修复工作如此迅速。

1）奥运会交付的最后期限是固定的、无法改变的，这会影响项目团队成员的心态并促使他们携手并进。

2）关键利益相关者（监管者、顾问、承包商等）按时进行月度例会，确保大家了解项目进度，保证紧密合作、顺利进行。

3）为奥运会工作是令人自豪的，这使人们积极地参与其中。

4）监理和顾问共享一个办公室。这样会使彼此间的沟通更加容易，避免了监管的障碍。

有限的预算也要求项目早日完工，众所周知，项目建设的延误会导致巨大的额外成本支出（Nunnally，2004）。大型项目为棕地的开发提供了一个很好的机会，时间紧迫，以及来自包括监管部门在内的各方的压力会使污染场地修复工作更加高效。而且，如此大规模的污染场地修复也减少了边际成本。例如，对于伦敦奥林匹克公园来说，由于规模化效应，平均每吨被污染的土壤淋洗的成本是很低的。

考虑到场地还会有残留污染物的存在，确保高可用性的修复设计也是一个挑战。为了保护人类健康和生态环境，人们对未来的工作进行了诸多的限制。例如，在对第 4 建筑区（ODA，2008）的人类健康验证报告中，对后续工作提出了一系列的限制措施，内容如下。

1）任何涉及开挖标记层的工作都要经过许可协议认可。

2）基础设施和建筑的设计要达到能抵抗预期的地面化学污染。

3）土地使用仅限于商业用途，禁止用于种植食用作物或者用作私家园林。

4）场地上应防止水的渗透。

5）任何对当前场地用途的更改，都要进行重新评估，并可能会需要进一步的现场调查、评估和修复。

6）从标志层以下挖出的任何物品都应视为污染物，除非有相应证明。这种侵入性的工程需要适当的风险评估。

在总体规划阶段，现场勘察和修复注意事项工作都要做到全面和充分，这也是一个挑战。通过进行这样的工作，可以减少需要更深入调查和修复的土地面积，把对污染最不敏感的建筑（如硬质景观地上的商业建筑）放置在污染最严重的地区，把对污染最敏感的建筑（如带有花园或苗圃的房子）放置在污染最轻的地区。然而，由于在总体规划阶段，现场调查结果往往是有限的，在此阶段很难充分解决现场污染和修复问题，本章在使用高可用性的策略方面总结了一些经验教训。

首先，该项目必须采用复杂的混合风险评估方法，以满足英国的监管要求，由于英国特殊的污染土地暴露评估（CLEA）模型不涉及地下水的风险，该项目还需要解决所有的风险暴露途径。因为土壤和地下水几乎总是相互关联的，监管者需要联合而不是分开对待它们，这是个教训。其次，高可用性策略的使用会给后代留下负担。实际上，由于计划的改变，一些奥运会后的建设项目已经重新启动新的修复工作。尽管如此，相对2000年悉尼奥林匹克公园修复项目（直接覆盖法的大量使用，导致许多污染物残留下来）来说，伦敦奥林匹克公园的修复实践已是一个很大的提高。在未来的大型项目中，项目策划人员在修复阶段必须给予足够的时间和资源，以尽量减少污染物的残留。

奥林匹克公园地下水修复面临着一系列的挑战。例如，该场地是欧洲最大的建筑工地之一；污染羽横穿多个施工区域，人们很难预测地下水水质何时能够达到修复目标。一年多的水质监测数据表明，该场地砷的去除速率十分缓慢，甚至不能证明砷的浓度呈稳定下降趋势。通过本案例可知，当地下水水位较浅，且受附近河流影响时，地下水水流方向可能随季节发生变化。因此，在修复的实施过程中需要及时调整修复方案。在将来的大型修复项目中，应特别注意这种潜在的变化，为了达到修复目标，用于调整修复方案并实施的时间十分紧迫。相比于土壤修复，目前原位修复技术在地下水修复中的应用更为广泛。对于对完成时间要求苛刻的大型修复项目，原位修复技术具有相当的挑战性，因为与异位修复相比，原位修复的周期较长，且具有更大的不确定性。

如上文所述，尽管可持续的修复技术（如土壤淋洗）能够带来较多的可持续收益，但这并不意味着在任何条件下土壤淋洗都是更加可持续的修复选择。从回溯性视角来看，定量可持续性评估（如LCA）可以给修复带来更大的可持续性潜力（如根据不同的场地条件，对不同修复技术进行方案设计优化）。然而，大多数修复项目决策者并没有通过定量可持续性评估，选择可持续的修复方式。一位受访的修复从业者指出，尽管在修复的实施过程中，能耗及能源效率非常重要，但他们更加注重修复效率。

七、结论

在污染土地修复和棕地再开发方面，实现可持续性势在必行。由于大型项目的复杂性和时间限制，将可持续性纳入是较大的挑战。2012 年伦敦奥林匹克公园场地的成功修复已足以表明如何把可持续建筑实践纳入棕地的修复重建项目中。在规划阶段，制定系列的可持续发展策略，使用高可用性的修复设计，并按照可持续性潜力对修复策略进行排序。在实施阶段，项目具有广泛的利益相关者的参与活动，有效地保护了文化资源，使用土壤淋洗技术，大大降低了生命周期环境影响。当然，其间也有许多挑战和经验教训。场地居民的拆迁动员和紧张的日程都是巨大的挑战。使用高可用性的修复设计，虽然减少了许多修复要求，但也意味着会有一些污染物的残留，这对场地的未来发展是另一个挑战。应该指出的是，伦敦奥林匹克公园场地是作为一个探索性案例来进行研究的，在这项研究中产生的想法和假设，应在以后更大规模的研究中进行严格的实证检验。

第三节　美国 RCRA 场地的绿色可持续修复

《美国资源保护和回收法》（Resource Conservation and Recovery Act，RCRA）作为 1965 年出台的《固体废弃物处置法案》（Solid Waste Disposal Act）的补充法案，出台于 1976 年，主要用于废弃物处理的管理。RCRA 这项由美国议会通过执行的法案包含了 9 项子内容，旨在帮助人类实现四大环境目标：保护人类及环境的健康、保存能源、保护和修复自然资源，以及妥善处理已产生的垃圾同时减少新垃圾的产生。在实际的应用中，缩写 RCRA 不仅仅指代法案本身，也常常指代美国环保局根据该法案出台的相关政策、指南及法律法规（USEPA，2016b）。在绿色可持续修复的实际操作中，RCRA 也是很重要的指导法案。一个绿色可持续的修复方案应与案例独特的实际情况相适应，其中也包括根据当地的管理法规（如美国的 RCRA）对修复方案进行适应性调整。下文讨论的案例是一个位于美国中西部的商业废弃物处理站修复案例，因为涉及废弃物与危险废弃物的处理，所以处于 RCRA 的管辖范围之内，在进行修复处理时，考虑了绿色可持续修复与 RCRA 管理规章的结合。

一、案例背景介绍

本案例是一个土壤与地下水相结合的场地修复项目，同时也是在修复过程中成功实施了绿色可持续修复方案的案例。案例描述了一个污染场地在采取临时措施（interim measure，IM）时，如何根据场地本身的地理水文特性及当地相关规定，使用绿色可持续修复原则来制定修复方案的过程。通过该案例总结出了一个在场地修复时结合资源保护和回收法监管的应用模板。这个案例被选取讨论的一大原因是它是首个在美国环保局和美国各个州政府的研究与对话基础上进行的RCRA 清洁项目修复案例。人们在这个项目上投入了非常大的努力，力求将绿色可持续修复的理念与这个修复项目的操作层面相结合，并尝试着在修复实践中，将绿色可持续修复的理念渗透到修复的各个阶段，其中包括场地调查阶段、修复方案比选阶段，以及修复方法应用阶段。除此之外，可持续性修复理念的应用也包括定性、定量地对该场地修复可持续性进行评估，以及对绿色可持续修复不确定性及实施阻碍的研究。

本节研究的场地是一个位于美国中西部地区兼有处理危险废弃物功能的商业垃圾处理站。这个处理站拥有处理危险废弃物的许可证，处于 RCRA 管辖范围之内。在 2009 年的一次爆炸事故中，正在处理的垃圾渗出液大量进入土壤和地下水体系中，其中包含了一些有毒有害的化学物质。当时进行的紧急调查和后续影响评价显示，这次事件使大约 30 582 m^3 土壤受到了影响，需要进行治理，其中包含了 39 种污染物（Petruzzi，2011），主要为挥发性有机物和半挥发性有机物。

Petruzzi（2011）发表在 *Ground Water Monitoring & Remediation* 上的文章提到了该场地地下系统的基本情况：在这个垃圾处理站的地下，是一个被沙子和冲刷下来的碎石掩埋了的山谷。根据这一描述可以推断，原山谷的地势低洼便于储水，该地区地下水资源可能较为丰富；填充物的高透水性决定了水源储备的流动性比较强，可能存在地下暗河等地下径流。场地调查显示，这个区域的水系的确非常丰富，是为该区域人们提供地下水的唯一源头。在地下 14 m 处，还有一条浅层地下径流正好流经处理站主工作区（Petruzzi，2011）。丰富的地下径流系统和高透水性的底层结构使得场地在面临突发环境事件的时候比较脆弱。高透水性的土层使得废弃物渗出液的下渗和扩散变得容易；丰富的地下径流使得污染物的扩散变得更加快速，这些对治理来说，都是不利的因素。在这个案例的实际操作中，情况也的确不容乐观。一般情况下，污染物的渗透趋势是随地下深度的逐渐加深而逐渐减少，这个污染场地的少数地区因为有绕开浅层的径流存在，在地下水较深处出现了污染物浓度大于较浅层的情况。污染物沿着透水层不断下渗，有的地方甚至渗透了整个透水层（Petruzzi，2011）。

RCRA 规定，在发生大型环境事故时，需要先实行临时措施，确保环境风险得到基本控制。由于这次事故，场地表层土壤和表层径流成为了一个持续性的污染源，如果直接进行修复，可能会对在场地工作的工人造成不必要的健康风险，这使得施工方也对场地采取临时措施表示支持。与此同时，因为这次事故对垃圾处理站造成了很大的经济损失，为了及时止损，需要尽快重建垃圾处理站并让其重新投入使用，因此场地业主对采取临时措施也持积极的态度。最重要的是，

RCRA 为临时措施的实施提供了政策上的支持。以上三方面的因素促成了临时措施的快速实施，具体包括：快速诊断地下水污染源及主要区域的风险源，有序阻止污染物的扩散，以及治理受污染的区域。在该场地的修复过程中，绿色可持续的理念在各个阶段都得到了体现。该污染场地的绿色可持续修复驱动力主要来自 4 个方面：修复咨询机构的建议、州政府的支持、场地业主与绿色可持续修复组织所签署的协议，以及美国环保局的绿色修复政策(USEPA, 2009)。Petruzzi 将绿色可持续修复理念的应用归纳在修复项目的三个阶段：场地调查阶段、修复方案比选阶段和修复方案实施阶段。他还对绿色可持续修复的不确定性和实施阻碍进行了分析，对我们十分具有启发性。在接下来的案例剖析中，我们将跟随 Petruzzi 的思路，了解绿色可持续修复在该场地治理中的应用。

二、绿色可持续修复在场地调查阶段的应用

在进行场地修复之前需要进行翔实的场地情况调查。这一过程通常包括水文地质勘探、场地使用状况了解，以及地下水和土壤的取样活动。因为涉及许多人员的活动，在这一阶段能从绿色可持续性的角度做许多优化考虑。例如，考虑人员的健康情况是否能够得到保证，取样的行程是否可以安排得最短以减少相关的碳排放。实施能够最大限度地考虑到绿色可持续修复相关因素的前期调查方案可称为场地调查阶段的绿色可持续修复最佳管理措施。根据 Petruzzi 的研究，绿色可持续修复的观念在前期调查时的应用是在各个步骤的使用中最为普遍的。他认为，这些绿色可持续修复最佳管理措施得到认可是因为绿色可持续理念在这一阶段的应用往往能够实现多方共赢的局面。具体体现在如下 5 个方面中。

1）咨询场地业主及相关管理部门，尽可能多地获取场地信息，如场地水文地质条件、污染源位置、污染排放历史等，以制定精准的采样布点。

2）通过远程传输检测结果、光化电离探测器在土样筛选中的应用、提前制定决策框架等手段，实现动态的管理策略，以节省资源，降低场地调查的成本和时间。

3）尽量采用现场检测样品的方式，以减少样品储存和运输过程中的能源及材料消耗。

4）建议通过当地单位进行采样和施工，以减少交通距离；使用直接推入法进行土壤采样，以减少土壤切块和土壤废料的处理。

5）采用原位处理的方式控制场地污染源。例如，可以通过便携式设备收集和集中处理滞留的污染雨水径流，避免污染雨水径流在储存和运送过程中污染物的暴露和能源消耗。

三、绿色可持续修复在修复方案比选阶段的应用

在绿色可持续修复应用于修复方案比选时，Petruzzi 为我们提供了一个具有借鉴意义的完整评价体系，可以用于构筑一个普适的评价框架。在这个体系中，一个合格的绿色可持续修复方案需要具备满足修复目标、优选标准和绿色可持续修复原则的三重标准。Petruzzi 在评价体系中引入了修复实施目标（remedial action objective，RAO）的概念。修复实施目标是针对受污染介质的定性描述，为评估和选择修复方案的先期考量工具。就这个案例来说，渗透区土壤和表层地下水的修复实施目标包括：①使得工人能够安全施工，不必担心不必要的环境风险；②使得污染物不渗透到地下含水层中。而对于深层地下水来说，修复实施目标是将目标污染物浓度控制在饮用水的标准浓度之下，保证饮水安全。场地的再开发需要在所有修复实施目标达成的前提下进行。Petruzzi 评价体系的第二重标准就是满足相应法律法规条件下的优选标准。例如，RCRA 中的规定是修复实施的硬性要求，是所有修复方案的前提；而优选标准属于非强制性的，能够达到优选标准的方案应优先考虑采纳。这个评价体系的第三个标准是满足绿色可持续修复原则。对于如何评价方案的可持续性有两种不同的观点：可以将绿色可持续修复结合在 RCRA 标准要求中，也可以将其结合在 RCRA 的优选标准中。在对本案例进行修复方案的评估时，Petruzzi 认为将绿色可持续修复的评估作为一项新的 RCRA 优选标准是最好的选择。因为 RCRA 的要求是所有修复方案必须达到的，如果将绿色可持续修复列入其中，则无法达到根据绿色可持续修复原则区分最优方案的初衷。

现存的优选标准共有五大项，每项又有许多考察条目。若将绿色可持续修复添加成第六项优选标准，Petruzzi 意识到必须做一个预先的调整工作：将可能出现在绿色可持续修复中的评分条目与之前 5 个优选标准的评分条目进行对比，将重复条目剔除，避免二次评估。RCRA 修复法案详细列明了在前五项优选标准下的评分条目，因此这一方面的标准比较清晰。然而，在另一方面，绿色可持续修复是一个新兴的概念，他的准则和理念处在动态和完善的过程中，所以绿色可持续修复本身并没有较为统一的评分框架可以使用。这就要求在着手设计这个体系之前查阅多方资料来完成对于绿色可持续修复优选评分项的专业选择和定义。

根据 RCRA 的定义，原有的五项优选标准分别是长期可靠性和有效性，毒性、污染物迁移性和废弃物体积的减少，短期有效性，可行性及成本。在这 5 个标准与绿色可持续修复标准下属的评分条目中，有 7 项类似，详见表 6-3。

剔除类同项之后的绿色可持续修复优选标准项包含 5 个评分条目，分别是：①对资源和材料的消耗；②二氧化碳排放量；③废弃物的最小化和循环利用；

④给周围社区带来的收益；⑤公司形象和公司的发展可持续性。有了评分条目之后，Petruzzi 制定了评分的标准。最符合绿色可持续修复优选标准评分条目的修复方案得 1 分，最不符合得 3 分。得分越低，修复方案就越符合绿色可持续修复的标准。虽然这样的得分系统看起来很直观，但在实际操作中，Petruzzi 还是发现了一些问题。在每一个评分条目中涉及了许多考虑因素，而对于不同的修复候选项来说，可能会涉及不同的比较单位，这就需要将定性比较和定量比较结合起来，相互比较分析，以得到一个专业的判断。表 6-4 列举了绿色可持续修复下属评分条目的内容，以及它的评估类型（定性或定量）。

表 6-3　与绿色可持续修复项类似的优选标准评分项

优选标准	与绿色可持续修复类似评分项
长期可靠性和有效性	预期的修复有效期
短期有效性	修复期间污染物暴露对场地工人、周边社区居民及生态环境所造成的风险
毒性、污染物迁移性和废弃物体积的减少	修复后污染物暴露风险的降低；污染物毒性、迁移性和废弃物产生量的减少
可行性	修复周期及修复带来的效益
成本	建设成本；运行、维护和监测成本

表 6-4　绿色可持续修复下属评分项及评估类型

绿色可持续修复评分项	评分项考虑因素	评估类型
对资源和材料的消耗	用水量	定性
	干净的土壤	定量
	施工材料	定性
	水泥	定量
	其他消耗材料	定性
二氧化碳排放量	燃料	定量
	电力	定量
废弃物的最小化和循环利用	需处置的污染土壤	定量
	水泥	定量
给周围社区带来的收益	噪声污染	定量
	行程延误	定量
	“耗损和报废”或者道路	定量
公司形象和公司的发展可持续性	公司形象	定性
	公司发展可持续性	定性

通过第一、二重标准的筛选，如下 3 个方案需要通过优选标准进一步比较。

1）将污染土挖出异位处置，用清洁土壤回填（RA1）。

2）将污染土挖出，场地上进行热脱附处理后回填（RA2）。

3）重污染区域土壤挖出异位处置，并用清洁土回填，其他区域污染土进行原位电阻加热（ERH）处理（RA3）。

这三个修复方案的出现传递了两个重要的信息。第一，能够完全符合 RCRA 标准要求的修复方案并不多；第二，大多数候选的修复方案没有考虑到修复的绿色可持续性。Petruzzi 根据 RA1、RA2 和 RA3 三个候选修复方案的特点，对定量评价项目进行了估算。表 6-5 以 5 个定量评价分项为例，比较了三个候选方案，表 6-6 列举了三个候选修复方案在绿色可持续修复优选标准下的具体得分。得分越低，表示修复方案所造成的负面影响越小。

表 6-5　定量分项用量估计举例

修复选项＼评分项	RA1	RA2	RA3
干净的土壤/t	50 000	0	15 000
二氧化碳排放量/t	500	6 300	5 850
需处置土壤量/t	50 000	0	15 000
运输卡车需要量/辆	4 550	25	1 360
循环利用土壤量/t	0	50 000	0

表 6-6　候选修复方案绿色可持续修复最终得分

绿色可持续修复评分项	RA1	RA2	RA3
对资源和材料的消耗	3	1	2
二氧化碳排放量	3	9	6
废弃物的最少化和循环利用	3	1	2
给周围社区带来的收益	3	1	2
公司形象和公司的发展可持续性	1	1	2
子项总分	13	13	14
绿色可持续修复优选项得分	1	1	2

从表 6-6 的信息可知，RA1 外挖回填修复和 RA2 原位热脱附在绿色可持续修复优选标准的得分是一样的。在同等条件下选择时，最主要的考量因素是实现方案的时间及成本。Petruzzi 的评估显示，RA1 的实现比 RA2 要快 4 个月，并且节省 20%的开支。因此，整个项目的最优修复选项是 RA1。

四、绿色可持续修复在修复实施阶段的应用

在修复实施过程中，应尽量多地使用最佳管理措施，以使修复变得更加绿色和可持续。Petruzzi 推荐了 11 项在修复实施阶段可以采用的最佳管理措施，在进行可持续性评价时也可以将此作为评价标准。

1）建议在大排量的施工设备上安装烟气净化系统以减少有害气体的排放。在该案例的最佳修复选项中，由于设备是租赁的，对设备的改造受限，这一项并没有实施。

2）建议使用超低硫柴油或者生物柴油作为施工设备和运输车辆的燃料以减少有害气体的排放和化石燃料的消耗。在该案例中，施工单位的运输车辆使用了超低硫柴油。

3）建议定期对设备进行检查和维护，保证施工效率。该案例的施工单位实施了这项措施。

4）建议施工设备空转不超过 2 min，以节省燃料和减少大气排放。该案例中施工方实施了这项规定，但根据实际情况作了一些调整。例如，在天气寒冷时，为了预热机器延长了空转时限。

5）建议对场地构筑物拆除和修复实施过程中收集的废弃水泥进行回收，以减少废弃物的处置需求，促进回收行业的发展。该案例中，水泥在回收前都需要经过性能测试，然而回收机构并不能够保证这些水泥的合理利用，因此修复方最终决定将水泥填埋处置。

6）建议在修复项目中引入碳排放交易。修复方采纳了这个建议，并着手从非营利组织手中购买了别的机构的碳排放指标。

7）建议使回填土的运输最小化，以减少燃料消耗及大气排放。该案例中，由于场地空间有限，回填土料在场地上堆积会占用空间，影响修复操作和场地排水，因此修复方利用了场地附近冗余的回填材料，缩短了运输距离。

8）建议在低温工作时段为场地工人提供集中供暖的休息场所。该案例中，修复方为执行临时措施的施工工人提供了一个可以取暖的拖车，以提高供暖效率，避免分散供暖造成的额外排放。

9）建议修复和场地再开发过程中使用绿色水泥。绿色水泥是通过工业废弃物，如飞灰、废渣等代替一部分水泥熟料而制成的水泥。使用绿色水泥不仅可以降低材料生产过程中的碳排放，还能减少废弃物填埋对填埋场的负担。该案例中，修复方考虑了场地建设中使用绿色水泥的契合性，并且与水泥供应商就绿色水泥的使用展开了洽谈。

10）若涉及大规模运输，为了防止可能造成的交通堵塞，建议在运输前与交管部门沟通，规划对城市交通影响最小的运输路线。该案例中，修复方采纳了这条建议，与当地交管部门展开了合作，设计了两条运输路线，避免了运输车辆通过施工路段、拥堵路段及不适合大型载重汽车通过的路段，不仅缓解了交通压力，还降低了交通事故发生的概率。

11）为了得到周边居民的理解和支持，建议修复方将修复情况及进展告知场地周边居民。该案例中，修复方在施工前将工程的情况及可持续修复的方式刊登在了当地的报纸上。除此之外，修复方还在网络和图书馆提供了联系和互动的方式。

五、绿色可持续修复的不确定性分析及实施阻碍

绿色可持续修复的应用在修复的各个阶段都有所体现。但是由于利益相关方缺乏共识、缺乏具体实施的指导性文件等，绿色可持续修复遇到了不少阻力和不确定性。同时，对于绿色可持续修复这样的新兴事物，其发展需要多方的合作和努力。Petruzzi 认为，他从绿色可持续修复的评分标准、评估权重、最佳管理措施、顶层设计、修复机构的利益、激励措施和社会认同几个方面分析了绿色可持续修复的不确定性及实施阻碍。

绿色可持续修复评分标准的制定方面，有三个存疑影响了绿色可持续修复的不确定性。第一，需要确定目前的绿色可持续修复评分标准是否全面涵盖了各种情况下绿色可持续修复的共性特征。第二，进行修复决策时，需要考虑如何统筹整合绿色可持续修复评分标准和其他评分标准（如 RCRA 法案规定的优选标准）。第三，需要考虑针对不同的评价目的、场地条件和修复方案，各项绿色可持续修复评分项的设置是否合理。

评估权重方面，以修复可持续性本身作为权重考虑的主体还是以绿色可持续修复评分项作为权重考虑的主体一直存在争议。显然，权重对最终评价结果的影响至关重要。1996 年美国环保局发布的一个报告显示(USEPA, 1996)，在 RCRA 法案规定的优选标准中，每一项标准都可能是具有决定性、需要被重点考虑的。因此，基于利益相关方的考虑重点，在不同情况下给予不同评分项不同的权重更为合理。对于权重来说，这个通告说明针对不同的应用对象，权重将处于变动的状态，而这个权重将给予作为优选条件的各个项目。然而，当没有既定的评价和权重体系框架时，加权具有极大的主观性。

最佳管理措施方面，其在修复操作期间的实施存在一定困难。除了缺乏指导性文件的原因外，还有着商业模式和工人素质的原因。目前大部分修复项目的具体实施往往由项目承包方主导，其他有着绿色可持续修复诉求的利益相关方难以干涉。将绿色可持续修复的实施要求写入合同或者招标文件将有助于绿色可持续修复的开展。另外，进行场地施工的工人往往对绿色可持续修复了解较少，在施工过程中容易受固有的工作行为模式影响，导致最佳管理措施的质量难以保障。因此，需要在修复的规划和设计阶段加强对场地施工人员关于绿色可持续修复的培训。

顶层设计方面，监管部门需要颁布有关政策、指导性文件、甚至可持续性评价工具以支持绿色可持续修复运动的开展。Petruzzi 对绿色可持续修复在将来成为环保政策导向持乐观的态度。

显然，使修复机构获利、激励措施和获得社会认同等因素是污染场地修复实施的主要驱动力。修复机构需要更清楚地了解到绿色可持续修复带来的效益，尤其是在降低修复成本和提高社会认同方面。

六、结论

本节所介绍的案例展示了绿色可持续修复要素在修复项目各个阶段的体现。我们既看到了绿色可持续修复的应用，也看到了其所面临的不确定性和发展阻碍。总体而言，绿色可持续修复的实施和发展需要在监管部门、修复机构、研究和咨询机构等多方的支持与合作下，开发出合理的绿色可持续修复基本原则、评估方法及实施框架。同时也需要让更多的人了解和接受绿色可持续修复的理念，使其不断走向完善和成熟。

第四节　绿色可持续修复最佳管理措施应用实例

如今，虽然很多人对绿色可持续修复中最佳管理措施的概念感到陌生，但人们对推广这个理念的努力从未停止，目前最佳管理措施也已经有了许多成功的案例。污染场地清洁信息论坛（Clean Up- Information，CLU-IN） 是由美国环保局牵头，服务于大众及利益相关人员的污染场地信息交流网站。2012 年，污染场地清洁信息论坛对在美国环保局备案的典型最佳管理措施应用案例进行了整理，列举了 29 个典型案例（CLU-IN，2012a）。本节我们从这 29 个案例中遴选了 5 个具有代表性的案例来展示最佳管理措施的应用成果。应用案例一是棕地有机污染修复项目，案例二是重金属污染土壤修复项目，案例三是军事保留地的修复项目，案例四是地下水有机污染的自主修复项目，案例五是大型废弃工厂的修复案例。这些案例大部分属于超级基金项目，有些更是被列入了国家优先治理污染场地顺序名单（National Priorities List，NPL）。这些案例将为最佳管理措施在我国的应用提供可借鉴的经验。

一、应用案例一

Grove Landfill 是一个位于美国得克萨斯州奥斯汀市的一个垃圾填埋场地。这个场地的业主在知悉场地的修复成本大于出售所得时将该场地捐献给了非营利性组织 Rhizome Collective Inc.进行修复（CLU-IN，2012b）。根据 2016 年得克萨斯州官方资料的记载，这个场地林地环绕，地形由东向西呈阶梯状分布。东面是个 15～20 ft 的斜坡，填埋区处于低处，斜坡上方就是居民区。

这个场地的垃圾填埋深度为 16.5 ft（Austin Taxas Gov，2006），主要填埋物为违规倾倒的垃圾，是一个露天的垃圾堆积场所。大约有 9.8 hm^2 的土地受到了污染，其中 3.6 hm^2 为堆积的废弃物。该场地的地下水水位在地底 6～25 ft，水中检测出了 1,4-二氯苯、氯苯、萘、可挥发性有机物。

该场地的修复工程获得了美国环保局约 200 000 美元的资金支持。治理过程中，修复实施方在废弃物管理、地表水治理、土壤和生态恢复等方面都采取了最佳管理措施，具体如下。

1）废弃物的回收利用：将场地残留的木屑垃圾加工制成了公园小路的覆土，同时用于周边树木的侵蚀防控；收集场地残留的金属和建筑材料，用于修复后场地建设，或是送往当地的废弃物回收机构；将部分有机废物通过堆肥的方式制成了有机肥，用于林地或花卉苗木的种植。

2）清洁能源的使用：发电机、运输车辆等部分用于场地修复的大型机械使用了生物柴油，或是通过太阳能板供电。

3）生态保护：在通过生物降解的方式去除构筑物拆解过程残留的污染物；修复完成后，种植本地植物，降低了后期的维护需求。

最佳管理措施的应用对该场地的修复带来了诸多效益。在为期 1 年的修复过程中，最大限度地降低了修复所带来的大气排放等环境扰动，维护了当地的生态环境，使得修复方与周边居民、监管部门保持了良好的关系。修复完成后，该场地被建设成了一个公园，并成为了城市雨水的收集利用、小型农业与公共社区相结合的可持续建设示范性案例。

二、应用案例二

阿肯萨斯河上游沿河土壤污染治理是一个超级基金项目。在旱季，由于阿肯萨斯河的水位波动及水质酸化，河流中的铅和锌在沿河的表层土壤中不断积累，导致铅、锌浓度严重超标，其中锌浓度高达 90 000 mg/kg。

该项目采用的最佳管理措施包括使用环境友好的生物质材料作为土壤改良剂，种植当地植物，并以堆肥代替传统农肥。通过生物质与石灰相结合的方式，沿河 11 英里[①]区域内，共计 20 英亩[②]的土壤环境得到了改良，土壤酸性和土壤中重金属迁移性大大降低，水土保持能力得到了增强，生态环境得以恢复。该地区经过绿化后，该地区作为公共娱乐场所使用。至今，治理区域已完全被茂密的植物所覆盖。

① 1 英里=1.609 344 km
② 1 英亩=0.404 856 hm^2

三、应用案例三

马萨诸塞州军事保留地是一个面积为 22 000 英亩的污染场地（CLU-IN，2012a）。早在 1911 年，这一区域就被用作军事训练区（USEPA，2016）。该区域的污染物来源主要是化学品及燃料泄露、炮火训练的残留物、垃圾填埋和排污等。在该场地的地下水中，目标污染物主要为三氯乙烯、四氯乙烯、乙烯、二溴化物、四氯化碳、氯乙烯、二氯代苯、四氯乙烷、三次甲基三硝基胺、苯、甲苯、锰、铊及铅。作为周边地区居民饮用水水源，该场地地下水污染威胁了约 50 万当地人口的饮水安全（USEPA，2016a）。1989 年，马萨诸塞州军事保留地地下水修复项目被列入了国家优先治理污染场地顺序名单。该污染场地的治理涉及了 11 个地下水污染羽，横跨 22 000 英亩的军事保留地。其中 9 个污染羽采用泵提处理技术进行修复，经过修复系统的长期运行，共计 1450 万 gal 的污染地下水得到了处理。该项目针对地下水的抽提效率、地下水的采样与监测、处理系统的运行、被动修复与可再生能源的使用 4 个方面采用了最佳管理措施，并获得了良好的效果。详细的绿色可持续目标及效果见表 6-7。

表 6-7　最佳管理措施在马萨诸塞州军事保留地污染场地绿色可持续修复中的应用

最佳管理措施	绿色可持续修复效益
地下水抽提效率最大化 ● 评估现存的 100 个抽水井工作情况，关闭不必要的抽水井 ● 评估抽水井抽水速率对修复的影响，并做抽水速率优化调整 ● 通过脉冲而非抽水的方式测试抽水效率，必要时使用填充滤水管	● 经过泵提处理和监测自然衰减，关闭了完成修复目标区域内的 60 个抽水井 ● 通过调整抽水速率，每年节省了 18 万美元的开支 ● 通过使用填充滤水管，减少了干净地下水的抽出，提升了净抽水效率
地下水采样与监测优化 ● 使用被动的采样方式，并优化采样布点，减少样品数 ● 购买直压式钻井取代传统的旋转式钻井，减少地下采样，节省成本 ● 使用生物柴油取代传统柴油作为钻机和其他大型机械的燃料 ● 使用现场检测样品的方式，减少样品的实验室分析	● 在 87%的监测井中使用了被动采样装置，6 年内节省采样成本约 40 万美元 ● 通过将常规监测改为重点监测，优化采样布点，2003 年的总样品数减少了 5000 个，每年节省采样与样品分析开支约 3.4 万美元 ● 使用直推式钻井减少了土壤扰动及噪声的产生，相比于设备租赁，每年节省开支约 20 万美元 ● 通过样品现场检测减少了实验室分析成本，每年节省开支超过 4 万美元
处理系统的运行优化 ● 检查泵提处理系统的能耗情况，对系统进行优化调试 ● 回收泵提处理系统所使用的活性炭 ● 系统用水优先使用经过处理的地下水	● 淘汰了部分增压泵及大功率电机，每年节省运行开支超过 4.5 万美元 ● 活性炭的回收使用节省了 25%的活性炭成本 ● 将其中一个泵提处理系统 85%的处理后地下水用于了附近公共绿地的灌溉，也可用于附近构筑物的地热系统

续表

最佳管理措施	绿色可持续修复效益
被动修复与可再生能源的使用 ● 在沿地下水流向的上升流区域构筑含零价铁的可渗透反应墙，防止磷酸盐污染地表水 ● 基于风能利用可行性评估结果，安装风电动力系统，为泵提处理装置提供动力 ● 评估使用监测自然衰减或是原位化学氧化代替泵提处理技术的可行性	● 通过可渗透反应墙的使用，减少了泵提处理系统的电力消耗。需要注意的是，在该案例中零价铁的预期使用寿命较长，可渗透反应墙的维护成本较低 ● 风力发电系统为泵提处理设备每年提供 3800 MW·h 的电量，预计 6～8 年可收回风电建设成本 ● 风力发电系统每年实现减排二氧化碳 6.7 t，氮氧化物 12 945 磅[①]，二氧化硫 11 443 磅，以及 PM_{10} 418 磅

资料来源：*Green Remediation Focus：A Profile in Using Green Remediation Strategies*

四、应用案例四

该案例位于密苏里州罗拉市的 Busy Bee’s 干洗店。由于干洗店多年的营业，该场地地下水被挥发性有机物严重污染，导致挥发性有机物在周边公园的蓄水池和取水井被检出。超级基金项目一般不涉及此类小型污染场地的治理，该场地的修复工作主要由密苏里州自然资源部承担。项目早期主要通过生物修复的方式来治理污染地下水，并取得了一定的效果。为了加快修复进度，2009 年密苏里州自然资源部开始采用泵提处理技术，并采取了一系列最佳管理措施，具体如下。

1）使用可再生能源：安装光伏发电设施，为 400 W 的抽水泵提供动力。泵提处理系统采用了相应的间歇性作业方式，提高泵的使用效率，并节省成本。

2）污染地下水处理：最大化利用场地现有设施，减少建井工作。循环使用活性炭颗粒处理地下水。

3）资金来源：利用了密苏里州自主修复项目的拨款，以及密苏里干洗环境响应信托资金作为修复资金来源。

4）社会影响：通过媒体使该修复项目被周边社区居民所了解，并作为绿色可持续修复案例进行宣传，同时尽量降低对场地现有干洗店运行的干扰。

充分考虑修复的社会影响是该项目的亮点之一。该修复工作在充分利用现有设施、减少对周边社区扰动的同时，还作为大学生预备拓展项目，为学生提供了环保实践机会，达到了良好的宣传教育目的。

五、应用案例五

案例五位于纽约州杰斐逊湾的 Lawrence Aviation Industries，Inc.（LAI），属于超级基金项目，并被列入了国家优先治理污染场地顺序名单。该场地是一个占地 126 hm^2 的镀钛工厂，修复前已停产。由于过往的生产运营，场地的地下水和土壤受到了包括三氯乙烯、四氯乙烯、油类、重金属等污染。

---

① 1 磅=0.4536 kg

在该场地的修复过程中，最突出的绿色可持续修复创新是将地下水的修复与场地构筑物的地热系统相结合：首先，污染羽下游的污染地下水经过抽出处理后进入空气分离系统，分离的废气经过循环使用的活性炭过滤后排出。处理过的水经过过滤器进入场地的构筑物，作为热交换介质。之后，完成供热或制冷作用的水被输送至输水井，重新注入地下进行储水。最终，修复达标的地下水将被排至附近的水塘，流入河流。整个系统中所用到的材料大多为再利用或是来自当地供应商的。例如，空气分离系统由附近的干洗店提供；碳过滤管等修复设备是从当地供应商处获得的。

此外，传统的最佳管理措施应用包括：使用可调速的抽水设备，根据地热系统需水量调整抽水速率；道路施工使用透水铺装，使得雨水径流直接通过路面下渗至土壤，避免了沥青路面导致的夏季路面高温情况，同时铺设透水铺装时挖出的 240 t 土也用于附近的市政工程施工；移除了场地上的非本地植物，种植了黄麻，以保持水土，节约场地维护开支。

总体来说，由修复维持运行的建筑地热系统每年节省了 6000～7000 kW·h 的用电量，减少了 4.1～4.8 t 的碳排放，同时修复过程中一系列的节能措施每年为项目省去了 1300～1700 美元的开支。

参 考 文 献

Beyer S. 2006. The green olympic movement: Beijing 2008. Chinese Journal of International Law, 5(2): 423-440.

CLU-IN. 2012a. Green remediation focus: a profile in using green remediation strategies, Webpages.www.clu-in.org.

CLU-IN. 2012b. Green remediation focus: grove landfill, Austin, TX. Webpages.www.clu-in.org.

CSL. 2010. No time to waste: a review of waste and resource management across the London 2012 programme. London, UK: Commission for a Sustainable London 2012.

DCMS. 2013. Report 5: Post-games evaluation, meta-evaluation of the impacts and legacy of the London 2012 Olympic Games and Paralympic Games, Summary Report. Department for Culture, Media & Sport.

EA. 2004. Model procedures for the management of land contamination. Contaminated Land Report 11, EA. London, UK: Environment Agency.

Ellis D E, Hadley P W. 2009. Sustainable remediation white paper—integrating sustainable principles, practices, and metrics into remediation projects. Remediation Journal, 19(3): 5-114.

Fainstein S S. 2008. Mega-projects in New York, London and Amsterdam. International Journal of Urban and Regional Research, 32(4): 768-785.

Frischknecht R, Jungbluth N, Althaus H J, et al. 2007. Implementation of life cycle impact assessment methods: data v2.0. ecoinvent report No. 3. Swiss Centre for Life Cycle Inventories.

Goedkoop M, Heijungs R, Huijbregts M, et al. 2013. ReCiPe 2008, A life cycle impact assessment method which comprises harmonised category indicators at the midpoint and the endpoint level. First edition Report I: Characterisation.

Gruss D, Säureharzaltlasten, 2015. Innovative technologien zur sanierung und energetischen Verwertung. Terratech, 3-4: 15-18.

Hou D, Al-Tabbaa A, Chen H, et al. 2014. Factor analysis and structural equation modeling of

sustainable behaviour in contaminated land remediation. Journal of Cleaner Production, 84: 439-449.
ISO. 2006. ISO 14040: Environmental management—life cycle assessment—principles and framework. Environmental Management, 3: 28.
Lenskyj H J. 1998. Sport and corporate environmentalism: the case of the Sydney 2000 Olympics. International Review for the Sociology of Sport, 33(4): 341-354.
LLDC. 2013. Three year business plan 2013/14-2015/16. London, UK: London Legacy Development Corporation.
Maiden T, Gray D. 2013. Commission for a sustainable London 2012 independent evaluation. London, UK: CAG Consultants.
NICOLE. 2008. Report of the NICOLE/SAGTA Workshop: Sustainable Remediation. Utrecht, The Netherlands: Network for Industrially Contaminated Land in Europe.
Nunnally S W. 2004. Construction methods and management. Upper Saddle River, NJ, USA: Pearson Prentice Hall.
ODA. 2007a. Environmental statement annexure, transport assessment, olympic, paralympic & legacy transformation planning applications. London: Olympic Delivery Authority.
ODA. 2007b. Global remediation strategy: olympic, paralympic & legacy transformation planning applications, site preparation planning application. Olympic Delivery Authority.
ODA. 2007c. Remediation design statement. Olympic Delivery Authority.
ODA. 2007d. Sustainable development strategy. Olympic Delivery Authority.
ODA. 2008. CZ4 ground contamination remediation human health validation report. Olympic Delivery Authority.
ODA. 2010. Addendum to the CZ2a, CZ2b, CZ3a [Banner Chemicals], CZ3b [Pumping Station], CZ8a, CZ8b and CZ8c remediation method statements–southern groundwater plume. Olympic Delivery Authority.
Orueta F D, Fainstein S S. 2008. The new mega-projects: genesis and impacts. International Journal of Urban and Regional Research, 32(4): 759-767.
Pensaert S. 2005. The remediation of the acid tar lagoons, Rieme Belgium. Al-Tabbaa A, Stegemann J A. Stabilization/Solidification Treatment and Remediation. Florida: CRC Press: 255-260.
Petruzzi N M. 2011. A case study on the evaluation and implementation of green and sustainable remediation principles and practices during a RCRA corrective action cleanup. Ground Water Monitoring & Remediation, 31(2): 63-71.
Sampson J, Biesta M, Crapper M, et al. 2013. Carbon dioxide accounting: 2014 Commonwealth Games Athletes' Village. Proceedings of the ICE-Engineering Sustainability, 166(3): 150-160.
Short K. 1993. Environmental guidelines: for the summer olympic games. Sydney Olympics 2000 Bid Limited. Sydney.
Smith R. 1996. Asphalt pavement doubles as hazardous soils cap and loading area. Asphalt: 9.
USEPA. 1996. Advanced notice of proposed rulemaking, corrective action for releases from solid waste management units at hazardous waste management facilities.
USEPA. 2000. RCRA corrective action workshop on results-based project management fact sheet #2—expectations for final remedies at RCRA corrective action facilities.
USEPA. 2009. Region 5 greener cleanup interim policy.
USEPA. 2016a. EPA superfund program: otis air national guard base/camp edwards.
USEPA. 2016b. Resource conservation and recovery act (RCRA) overview.
USEPA. 2016c. Superfund sites in reuse in Colorado.
van Zelm R, Huijbregts M A J, van de Meent D. 2009. USES-LCA 2.0—a global nested multi-media fate, exposure, and effects model. The International Journal of Life Cycle Assessment, 14(3): 282-284.